“十二五”普通高等教育本科国家级规划教材

21世纪高等学校计算机规划教材

21st Century University Planned Textbooks of Computer Science

U0649552

大学计算机基础实践教程（第2版）

The Practice for Fundamental of Computers

(2nd Edition)

甘勇 尚展垒 梁树军 等 编著

高校系列

人民邮电出版社

北京

图书在版编目（CIP）数据

大学计算机基础实践教程 / 甘勇等编著. -- 2版
-- 北京 ：人民邮电出版社，2012.9（2017.7重印）
21世纪高等学校计算机规划教材
ISBN 978-7-115-29098-4

Ⅰ. ①大… Ⅱ. ①甘… Ⅲ. ①电子计算机－高等学校
－教材 Ⅳ. ①TP3

中国版本图书馆CIP数据核字(2012)第191558号

内 容 提 要

本书是根据教育部非计算机专业计算机基础课程教学指导分委员会提出的《关于进一步加强高校计算机基础教学的意见》要求，同时根据普通高校的实际情况编写的。本书是《大学计算机基础（第2版）》教材配套的实践教程。全书共分两大部分，第一部分是与主教材对应的各章实验指导，第二部分为主教材各章习题参考答案。

本书可作为高校各专业（特别是理工科各专业）"计算机基础教育"课程的实践指导教材，也可作为计算机技术培训用书和计算机爱好者自学用书。

21 世纪高等学校计算机规划教材

大学计算机基础实践教程（第 2 版）

◆ 编　著　甘　勇　尚展垒　梁树军　等
　　责任编辑　李海涛

◆ 人民邮电出版社出版发行　　北京市丰台区成寿寺路 11 号
　　邮编　100164　电子邮件　315@ptpress.com.cn
　　网址　http://www.ptpress.com.cn
　　三河市中晟雅豪印务有限公司印刷

◆ 开本：787×1092　1/16
　　印张：11.5　　　　　　2012 年 9 月第 2 版
　　字数：299 千字　　　2017 年 7 月河北第 17 次印刷

ISBN 978-7-115-29098-4

定价：23.00 元

读者服务热线：（010）81055256　印装质量热线：（010）81055316
反盗版热线：（010）81055315

前言

随着计算机技术的飞速发展，计算机在经济与社会发展中的地位日益重要。同时，根据计算机科学发展迅速的学科特点，计算机教育应面向社会、面向应用，与社会接轨、与时代同行。

为了适应21世纪经济建设对人才知识结构、计算机文化素质与应用技能的要求，适应计算机科学技术和应用技术的迅猛发展，适应高等学校新生知识结构的变化，我们总结了多年来的教学实践和组织计算机等级考试的经验，同时，根据教育部非计算机专业计算机基础课程教学指导分委员会提出的《关于进一步加强高校计算机基础教学的意见》中有关"大学计算机基础"课程教学的要求，组织编写了本课程教学用书。取材既照顾到了计算机基础教育的基础性、广泛性和一定的理论性，又照顾到了计算机教育的实践性、实用性和更新发展性；既照顾到了高校新生中从未接触过计算机的部分同学，又照顾到了具有一定计算机基础的同学的学习要求。本书出版后，获得良好的效果，被教育部评为"十二五"国家级规划教材。

本书是《大学计算机基础（第2版）》的配套教材，强调实验操作的内容、方法和步骤。目的在于让学生掌握基本理论的同时，掌握每个章节的知识要点，提高动手操作能力，对知识进行全面的了解和掌握。

全书共分两大部分，第一部分是与主教材对应的各章实验指导，第二部分为主教材各章习题参考答案。内容密切结合了国家教育部关于该课程的基本教学要求，兼顾计算机软件和硬件的最新发展，结构严谨，层次分明。在教学内容上，各高校可根据教学学时、学生的实际情况进行选取。

本书大约需56学时，具体实验学时请参考实验指导中的"实验学时"。

本书由甘勇、尚展垒、梁树军、索红军等编著，其中甘勇任主编，尚展垒、梁树军、索红军任副主编。参加本书编写工作的还有张安琳和陈慧。教材两部分对应各章的内容编写安排是，第1章、第2章和第3章由梁树军编写，第4章、第6章、第7章和第8章由张安琳编写，第5章、第9章、第10章、第11章和第12章由陈慧编写。尚展垒负责本书的统稿和组织工作。

在本书的编写和出版过程中得到了郑州轻工业学院、河南财经政法大学、华北水利水电学院、渭南师范学院、河南省高校计算机教育研究会的大力支持和帮助，在此由衷地向他们表示感谢！

由于编者水平有限，书中难免有不足和疏漏之处，敬请广大读者批评指正。

编著者

2012 年 7 月

目　录

第一部分　实验指导

第二部分　习题解答

第一部分
实验指导

第1章
计算机与信息技术基础

实验一　键盘及指法练习

一、实验学时：2 学时

二、实验目的

- 熟悉键盘的构成以及各键的功能和作用
- 了解键盘的键位分布并掌握正确的键盘指法
- 掌握指法练习软件"金山打字通"的使用

三、相关知识

1．键盘

键盘是用户向计算机输入数据和命令的工具。随着计算机技术的发展，输入设备越来越丰富，但键盘的主导地位却是替换不了的。正确地掌握键盘的使用，是学好计算机操作的第一步。PC键盘通常分 5 个区域，它们是主键盘区、功能键区、编辑键区、小键盘区（辅助键区）和状态指示区，如图 1.1 所示。

图 1.1　键盘示意图

（1）主键盘区

① 字母键：主键盘区的中心区域，按下字母键，屏幕上就会出现对应的字母。

② 数字键：主键盘区上面第二排，直接按下数字键，可输入数字，按住<Shift>键不放，再按数字键，可输入数字键中数字上方的符号。

③ Tab（制表键）：按此键一次，光标后移一固定的字符位置（通常为 8 个字符）。

④ Caps Lock（大小写转换键）：输入字母为小写状态时，按一次此键，键盘右上方 Caps Lock 指示灯亮，输入字母切换为大写状态；若再按一次此键，指示灯灭，输入字母切换为小写状态。

⑤ Shift（上档键）：有的键面有上下两个字符，称双字符键。当单独按这些键时，则输入下档字符。若先按住<Shift>键不放，再按双字符键，则输入上档字符。

⑥ Ctrl、Alt（控制键）：与其他键配合实现特殊功能的控制键。

⑦ Space（空格键）：按此键一次产生一个空格。

⑧ Backspace（退格键）：按此键一次删除光标左侧一个字符，同时光标左移一个字符位置。

⑨ Enter（回车换行键）：按此键一次可使光标移到下一行。

（2）功能键区

① F1～F12（功能键）：键盘上方区域，通常将常用的操作命令定义在功能键上，不同的软件中功能键有不同的定义。如：<F1>键通常定义为帮助功能。

② Esc（退出键）：按下此键可放弃操作，如汉字输入时可取消没有输完的汉字。

③ Print Screen（打印键/拷屏键）：按此键可将整个屏幕复制到剪贴板；按<Alt> + <Print Screen>键可将当前活动窗口复制到剪贴板。

④ Scroll Lock（滚动锁定键）：该键在 DOS 时期用处很大，在阅读文档时，使用该键能非常方便地翻滚页面。随着技术的发展，在进入 Windows 时代后，Scroll Lock 键的作用越来越小，不过在 Excel 软件中，利用该键可以在翻页键（如<PgUp>和<PgDn>）使用时只滚动页面而单元格选定区域不随之发生变化。

⑤ Pause Break（暂停键）：用于暂停执行程序或命令，按任意字符键后，再继续执行。

（3）编辑键区

① Ins/Insert（插入/改写转换键）：按下此键，进行插入/改写状态转换，在光标左侧插入字符或覆盖光标右侧字符。

② Del/Delete（删除键）：按下此键，删除光标右侧字符。

③ Home（行首键）：按下此键，光标移到行首。

④ End（行尾键）：按下此键，光标移到行尾。

⑤ PgUp/PageUp（向上翻页键）：按下此键，光标定位到上一页。

⑥ PgDn/PageDown（向下翻页键）：按下此键，光标定位到下一页。

⑦ ←，→，↑，↓（光标移动键）：分别按下各键使光标向左、向右、向上、向下移动。

（4）小键盘区（辅助键区）

小键盘区各键既可作为数字键，又可作为编辑键。两种状态的转换由该区域左上角的数字锁定转换键<Num Lock>控制，当 Num Lock 指示灯亮时，该区处于数字键状态，可输入数字和运算符号；当 Num Lock 指示灯灭时，该区处于编辑状态，利用小键盘的按键可进行光标移动、翻页和插入、删除等编辑操作。

（5）状态指示区

状态指示区包括 Num Lock 指示灯、Caps Lock 指示灯和 Scroll Lock 指示灯。根据相应指示灯的亮灭，可判断出数字小键盘状态、字母大小写状态和滚动锁定状态。

2．键盘指法

（1）基准键与手指的对应关系

基准键与手指的对应关系如图1.2所示。

基准键位：字母键第二排<A>、<S>、<D>、<F>、<J>、<K>、<L>、<;＞8个键为基准键位。

图1.2　基准键与手指的对应关系

（2）键位的指法分区

在基准键的基础上，其他字母、数字和符号与8个基准键相对应，指法分区如图1.3所示。虚线范围内的键位由规定的手指管理和击键，左右外侧的剩余键位分别由左右手的小拇指来管理和击键，空格键由大拇指负责。

图1.3　键位指法分区图

（3）击键方法

① 手腕平直，保持手臂静止，击键动作仅限于手指。

② 手指略微弯曲，微微拱起，以<F>与<J>键上的凸出横条为识别记号，左右手食指、中指、无名指、小指依次置于基准键位上，大拇指则轻放于空格键上，在输入其他键后手指重新放回基准键位。

③ 输入时，伸出手指敲击按键，之后手指迅速回归基准键位，做好下次击键准备。如需按空格键，则用大拇指向下轻击；如需按<Enter>回车键，则用右手小指侧向右轻击。

④ 输入时，目光应集中在稿件上，凭手指的触摸确定键位，初学时尤其不要养成用眼确定指位的习惯。

3．指法练习软件"金山打字通"

打字练习软件的作用是通过在软件中设置的多种打字练习方式，使练习者由键位记忆到文章练习并掌握标准键位指法，提高打字速度。目前可用的打字软件较多，仅以"金山打字通"为例作简要介绍，说明打字软件的使用方法，如使用其他打字软件，可根据指导老师介绍使用。

四、实验范例

打开"金山打字通"软件，显示如图1.4所示主界面，可以看到在该软件中，提供了英文打字、拼音打字、五笔打字 3 种主流输入法的针对性学习，并可以进行打字速度测试、运行打字游戏等。每种输入法均从最简单的字母或字根开始，逐渐过渡到词组和文章练习，为初学者提供了一个从易到难的学习过程。

图 1.4　金山打字通主界面

单击"英文打字"按钮，打开"键位练习（初级）"的练习界面，如图 1.5 所示。根据程序要求，运用键盘进行键位指法内容练习，熟练完成练习内容后，可单击"课程选择"按钮选择软件预先设置的课程内容进行练习。

图 1.5　"金山打字通"指法练习界面

五、实验要求

使用"金山打字通"指法练习软件进行打字练习，要求从基键开始，注意输入正确率的同时兼顾速度，循序渐进，直至熟练掌握盲打快速输入。

任务一　熟悉基本键的位置

打开"金山打字通"软件，单击"英文打字"按钮，进入"键位练习（初级）"窗口，单击"课程选择"按钮，选择"键位课程一：asdfjkl;"课程，进行基本键位"A、S、D、F、J、K、L、;"的初级练习，熟练掌握后，进入"键位练习（高级）"窗口，单击"课程选择"按钮，选择"键位课程一：asdfjkl;"课程，进行基本键位"A、S、D、F、J、K、L、;"的高级练习。

任务二　熟悉键位的手指分工

打开"金山打字通"软件，单击"英文打字"按钮，进入"键位练习（初级）"窗口，单击"课程选择"按钮，选择"手指分区练习"课程，进行手指分区键位的初级练习，熟练掌握后，进入"键位练习（高级）"窗口，单击"课程选择"按钮，选择"手指分区练习"课程，进行手指分区键位的高级练习。

任务三　单词输入练习

打开"金山打字通"软件，单击"英文打字"按钮，进入"键位练习（初级）"窗口，单击"单词练习"打开"单词练习"窗口，按照程序要求进行单词输入练习。

任务四　文章输入练习

打开"金山打字通"软件，单击"英文打字"按钮，进入"键位练习（初级）"窗口，单击"文章练习"打开"文章练习"窗口，按照程序要求进行文章输入练习。

实验二　计算机硬件的认识与连接

一、实验学时：2学时

二、实验目的

● 认识计算机的基本硬件及组成部件
● 了解计算机系统各个硬件部件的基本功能
● 掌握计算机的硬件连接步骤及安装过程

三、相关知识

1. 硬件的基本配置

计算机的硬件系统由主机、显示器、键盘、鼠标组成。具有多媒体功能的计算机配有音箱、话筒等。除此之外，计算机还可外接打印机、扫描仪、数码相机等设备。

计算机最主要的部分位于主机箱中，如计算机的主板、电源、CPU、内存、硬盘、各种插卡（如显卡、声卡、网卡）等主要部件都安装在机箱中。机箱的前面板上有一些按钮和指示灯，有的还有一些插接口，背面有一些插槽和接口。

2. 硬件连接步骤

首先在主板的对应插槽里安装 CPU、内存条，如图 1.6 所示，然后把主板安装在主机箱内，再安装硬盘、光驱，接着安装显卡、声卡、网卡等，连接机箱内的接线，如图 1.7 所示，最后连接外部设备，如显示器、鼠标、键盘等。

图 1.6　计算机主板

图 1.7　计算机主机箱内部

（1）安装电源

把电源（见图 1.8）放在机箱的电源固定架上，使电源上的螺丝孔和机箱上的螺丝孔一一对应，然后拧上螺丝。

（2）安装 CPU

将主板平置于桌面，CPU（见图 1.9、图 1.10）插槽是一个布满均匀圆形小孔的方形插槽，根据 CPU 的针脚和 CPU 插槽上插孔的位置的对应关系确定 CPU 的安装方向。拉起 CPU 插槽边上的拉杆，将 CPU 的引脚缺针位置对准 CPU 插槽相应位置，待 CPU 针脚完全放入后，按下拉杆至水平方向，锁紧 CPU。之后涂抹散热硅胶并安装散热器，然后将风扇电源线插头插到主板上的 CPU 风扇插座上。

图 1.8　电源

图 1.9　CPU 正面

图 1.10　CPU 背面

（3）安装内存

内存（见图 1.11）插槽是长条形的插槽，内存插槽中间有一个用于定位的凸起部分，按照内存插脚上的缺口位置将内存条压入内存插槽，使插槽两端的卡子可完全卡住内存条。

（4）安装主板

首先将机箱自带的金属螺柱拧入主板支撑板的螺丝孔中，将主板放入机箱，注意主板上的固定孔对准拧入的螺柱，主板的接口区对准机箱背板的对应接口孔，边

图 1.11　内存

调整位置边依次拧紧螺丝固定主板。

（5）安装光驱、硬盘

拆下机箱前部与要安装光驱位置对应的挡板，将光驱（见图1.12）从前面板平行推入机箱内部，边调整位置边拧紧螺丝，把光驱固定在托架上。使用同样方法从机箱内部将硬盘（见图1.13）推入并固定于托架上。

图1.12　光驱

图1.13　硬盘

（6）安装显卡、声卡、网卡等各种板卡

根据显卡（见图1.14）、声卡（见图1.15）、网卡（见图1.16）等板卡的接口（PCI接口、AGP接口、PCI-E接口等）确定不同板卡对应的插槽（PCI插槽、AGP插槽、PCI-E插槽等），取下机箱内部与插槽对应的金属挡片，将相应板卡插脚对准对应插槽，板卡挡板对准机箱内挡片孔，用力将板卡压入插槽中并拧紧螺丝，将板卡固定在机箱上。

（7）连接机箱内部连线

① 连接主板电源线：把电源上的供电插头（20芯或24芯）插入主板对应的电源插槽中。电源插头设计有

图1.14　显卡

一个防止插反和固定作用的卡扣，连接时，注意保持卡扣和卡座在同一方向上。为了对CPU提供更强更稳定的电压，目前的主板会提供一个给CPU单独供电的接口（4针、6针或8针），连接时，把电源上的插头插入主板CPU附近对应的电源插座上。

图1.15　声卡

图1.16　网卡

②　连接主板上的数据线和电源线：包括硬盘、光驱等的数据线和电源线。

a. 硬盘数据线（见图 1.17）。根据硬盘接口类型不同，硬盘数据线也分为 PATA 硬盘采用的 80 芯扁平 IDE 数据排线和 SATA 硬盘采用的七芯数据线。由于 80 芯数据线的接头中间设计了一个凸起部分，七芯数据线接头是 L 型防呆盲插接头设计，因此通过这些可识别接头的插入方向，将数据线上的一个插头插入主板上的 IDE1 插座或 SATA1 插座，将数据线另一端插头插入硬盘的数据接口中，插入方向由插头上的凸起部分或 L 型定位。

b. 光驱的数据线连接方法与硬盘数据线连接方法相同，把数据排线插到主板上的另一个 IDE 插座或 SATA 插座上。

c. 硬盘、光驱的电源线（见图 1.18）。把电源上提供的电源线插头分别插到硬盘和光驱上。电源插头都是防呆设计的，只有正确的方向才能插入，因此不用害怕插反。

图 1.17　数据线

图 1.18　电源线

③　连接主板信号线和控制线，包括 POWER SW（开机信号线）、POWER LED（电源指示灯线）、H.D.D LED（硬盘指示灯线）、RESET SW（复位信号线）、SPEAKER（前置报警喇叭线）等（见图 1.19）。把信号线插头分别插到主板上对应的插针上（一般在主板边沿处，并有相应标示），其中，电源开关线和复位按钮线没有正负极之分；前置报警喇叭线是四针结构，红线为+5V 供电线，与主板上的+5V 接口对应；硬盘指示灯和电源指示灯区分正负极，一般情况下，红色代表正极。

（8）连接外部设备

①　连接显示器：如果是 CRT 显示器，把旋转底座固定到显示器底部，然后把视频信号线连接到主机背部面板（见图 1.20）的 15 针 D 型视频信号插座上（如果是集成显卡主板，该插座在 I/O 接口区；如果采用独立显卡，该插座在显卡挡板上），最后连接显示器电源线。

图 1.19　主板信号线和控制线

图 1.20　主机背部面板

② 连接键盘和鼠标：鼠标、键盘 PS/2 接口位于机箱背部 I/O 接口区。连接时可根据插头、插槽颜色和图形标示来区分，紫色为键盘接口，绿色为鼠标接口。对于 USB 接口的鼠标插到任意一个 USB 接口上即可。

③ 连接音箱/耳机：独立声卡或集成声卡通常有 LINE IN（线路输入）、MIC IN（麦克风输入）、SPEAKER OUT（扬声器输出）、LINE OUT（线路输出）等插孔。若外接有源音箱，可将其接到 LINE OUT 插孔，否则接到 SPEAKER OUT 插孔。耳机可接到 SPEAKER OUT 插孔或 LINE OUT 插孔。

以上步骤完成后，计算机系统的硬件部分就基本安装完毕了。

四、实验要求

观察 PC 的组成；掌握主板各部件的名称、功能等，了解主板上常用接口的功能、外观形状、颜色、插针数和防插反措施；熟悉常用外部设备的连接方法，注意区分不同设备的接口颜色和形状。

第 2 章
操作系统基础

实验一　Windows 7 的基本操作

一、实验学时：2 学时

二、实验目的

- 认识 Windows 7 桌面环境及其组成
- 掌握鼠标的操作及使用方法
- 熟练掌握任务栏和"开始"菜单的基本操作、Windows 7 窗口操作、管理文件和文件夹的方法
- 掌握 Windows 7 中新一代文件管理系统——库的使用
- 掌握启动应用程序的常用方法
- 掌握中文输入法以及系统日期/时间的设置方法
- 掌握 Windows 7 中附件的使用

三、相关知识

1．Windows 7 桌面

"桌面"就是用户启动计算机登录到系统后看到的整个屏幕界面，如图 2.1 所示，它是用户和计算机进行交流的窗口，可以放置用户经常用到的应用程序和文件夹图标，用户可以根据自己的需要在桌面上添加各种快捷图标，在使用时双击图标就能够快速启动相应的程序或文件。以 Windows 7 桌面为起点，用户可以有效地管理自己的计算机。

第一次启动 Windows 7 时，桌面上只有"回收站"图标，大家在 Windows XP 中熟悉的"我的电脑"、"Internet Explorer"、"我的文档"、"网上邻居"等图标被整理到了"开始"菜单中。桌面最下方的小长条是 Windows 7 系统的任务栏，它显示系统正在运行的程序和当前时间等内容，用户也可以对它进行一系列的设置。"任务栏"的左端是"开始"按钮，右边是语言栏、工具栏、通知区域、时钟区等，最右端为显示桌面按钮，中间是应用程序按钮分布区，如图 2.2 所示。

图 2.1　Window 7 桌面

　　单击任务栏中的"开始"按钮可以打开"开始"菜单，"开始"菜单左边是常用程序的快捷列表，右边为系统工具和文件管理工具列表。在 Windows 7 中取消了 Windows XP 中的快速启动栏，用户可以直接通过鼠标拖动把程序附加在任务栏上快速启动。应用程序按钮分布区表明当前运行的应用程序和打开的窗口；语言栏便于用户快速选择各种语言输入法，语言栏可以最小化在任务栏显示，也可以使其还原，独立于任务栏之外；工具栏显示用户添加到任务栏上的工具，如地址、链接等。

图 2.2　Window 7 任务栏

2. 驱动器、文件和文件夹

　　驱动器是通过某种文件系统格式化并带有一个标识名的存储区域。存储区域可以是可移动磁盘、光盘、硬盘等，驱动器的名字是用单个英文字母表示的，当有多个硬盘或将一个硬盘划分成多个分区时，通常按字母顺序依次标识为 C、D、E 等。

　　文件是有名称的一组相关信息的集合，程序和数据都是以文件的形式存放在计算机的硬盘中。每个文件都有一个文件名，文件名由主文件名和扩展名两部分组成，操作系统通过文件名对文件进行存取。文件夹是文件分类存储的"抽屉"，它可以分门别类地管理文件。文件夹在显示时，也用图标显示，包含不同内容的文件夹，在显示时的图标是不太一样的。Windows 7 中的文件、文件夹的组织结构是树形结构，即一个文件夹中可以包含多个文件和文件夹，但一个文件或文件夹只能属于一个文件夹。

3. 资源管理器

　　资源管理器是 Windows 系统提供的资源管理工具，可以用它查看本台计算机的所有资源，特别是它提供的树形的文件系统结构，能更清楚、更直观地查看和使用文件和文件夹。资源管理器主要由地址栏、搜索栏、工具栏、导航窗格、资源管理窗格、预览窗格以及细节窗格 7 部分组成，如图 2.3 所示。导航窗格能够辅助用户在磁盘、库中切换，预览窗格是 Windows 7 中的一项改进，它在默认情况下不显示，可以通过单击工具栏右端的"显示/隐藏预览窗格"按钮来显示或隐藏预览窗格；资源管理窗格是用户进行操作的主要地方，用户可进行选择、打开、复制、移动、创建、删除、重命名等操作。同时，根据显示的内容，在资源管理窗格的上部会显示不同的相关操作。

图 2.3　资源管理器

四、实验范例

1．Windows 7 环境下的鼠标基本操作

（1）指向：移动鼠标，将鼠标指针移到操作对象上，通常会激活对象或显示该对象的有关提示信息。

操作：将鼠标指针移向桌面上的"计算机"图标，如图 2.4 所示。

（2）单击左键：快速按下并释放鼠标左键，用于选定操作对象。

操作：在"计算机"图标上单击鼠标左键，选中"计算机"，如图 2.5 所示。

图 2.4　鼠标的指向操作　　　　　图 2.5　单击鼠标左键操作

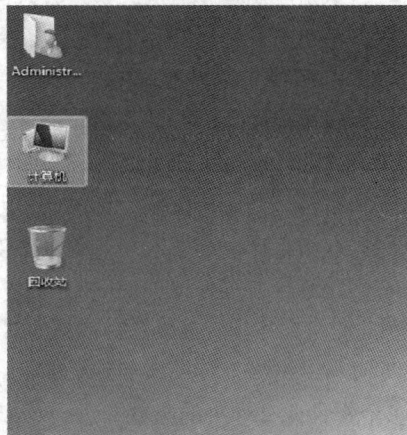

（3）单击右键：快速按下并释放鼠标右键，用于打开相关的快捷菜单。

操作：在"计算机"图标上单击鼠标右键，弹出快捷菜单，如图2.6所示。

（4）双击：连续两次快速单击鼠标左键，用于打开窗口或启动应用程序。

操作：在"计算机"图标上双击鼠标，观察操作系统的响应。

（5）拖动：鼠标指针指向操作对象单击左键并按住不放，移动鼠标指针到指定位置再释放按键，用于复制或移动操作对象等。

操作：把"计算机"图标拖动到桌面其他位置，操作过程中图标的变化如图2.7所示。

图2.6　单击鼠标右键操作　　　　　图2.7　鼠标的拖动操作

2. 执行应用程序的方法

方法一：对 Windows 自带的应用程序，可通过"开始"|"所有程序"，再选择相应的菜单项来执行。

方法二：在"计算机"找到要执行的应用程序文件，用鼠标双击（也可以选中之后按回车键；也可右键单击程序文件，然后选择"打开"）。

方法三：双击应用程序对应的快捷方式图标。

方法四：单击"开始"|"运行"，在命令行输入相应的命令后单击"确定"按钮。

3. 启动"资源管理器"的方法

方法一：双击桌面上的"计算机"图标。

方法二：<Windows>（键盘上有视窗图标的键）+<E>组合键。

方法三：右击"开始"按钮，选择"打开 Windows 资源管理器"。

方法四：双击桌面上的"网络"图标。如果在桌面上没有"网络"图标，可以在桌面空白处单击鼠标右键，选择右键弹出菜单中的"个性化"菜单项，在之后显示的窗口中选择"更改桌面图标"项，此时会显示出"桌面图标设置"对话框，选中该对话框中的"网络"复选框后单击"确定"按钮即可将"网络"图标添加到桌面上。

4. 多个文件或文件夹的选取

（1）选择单个文件或文件夹：鼠标单击相应的文件或文件夹图标。

（2）选择连续多个文件或文件夹：鼠标单击第 1 个要选定的文件或文件夹，然后按住<Shift>键的同时单击最后 1 个，则它们之间的文件或文件夹就被选中了。

（3）选择不连续的多个文件或文件夹：按住<Ctrl>键不放，同时鼠标单击其他待选定的文件或文件夹。

5．Windows 窗口的基本操作

（1）窗口的最小化、最大化、关闭

打开"资源管理器"窗口，单击窗口右上角的"最小化"按钮，则"资源管理器"窗口即最小化为任务栏上的一个图标。

打开"资源管理器"窗口，单击窗口右上角的"最大化"按钮，则"资源管理器"窗口最大化占满整个桌面；此时"最大化"按钮变为"还原"按钮。

打开"资源管理器"窗口，单击窗口右上角的"关闭"按钮，则"资源管理器"窗口被关闭。

（2）排列与切换窗口

① 双击桌面上"计算机"和"回收站"图标，在桌面上同时打开这 2 个窗口。

② 右击任务栏空白区域，打开任务栏快捷菜单。

③ 选择任务栏快捷菜单中的"层叠窗口"命令，可将所有打开的窗口层叠在一起，如图 2.8 所示，单击某个窗口的任意位置，可将该窗口显示在其他窗口之上。

图 2.8　层叠窗口

④ 单击任务栏快捷菜单上的"堆叠显示窗口"命令，可在屏幕上横向平铺所有打开的窗口，可以同时看到所有窗口中的内容，如图 2.9 所示，用户可以很方便地在两个窗口之间进行复制和移动文件的操作。

⑤ 单击任务栏快捷菜单上的"并排显示窗口"命令，可在屏幕上并排显示所有打开的窗口，如果打开的窗口多于两个，将以多排显示，如图 2.10 所示。

图 2.9　堆叠显示窗口

图 2.10　并排显示窗口

⑥ 切换窗口。按住<Alt>键然后再按下<Tab>键，屏幕会弹出一个任务框，框中排列着当前打开的各窗口的图标，按住<Alt>键的同时每按一次<Tab>键，就会顺序选中一个窗口图标。选中所需窗口图标后，释放<Alt>键，相应窗口即被激活为当前窗口。

6. 库的使用

库是 Windows 7 系统最大的亮点之一，它彻底改变了文件管理方式，从死板的文件夹方式变得更为灵活和方便。库可以集中管理视频、文档、音乐、图片和其他文件。在某些方面，库类似于传统的文件夹，但与文件夹不同的是，库可以收集存储在任意位置的文件。

（1）Windows 7 库的组成

Windows 7 系统默认包含视频、图片、文档和音乐 4 个库，当然，用户也可以创建新库。要创建新库，先要打开"资源管理器"窗口，然后单击导航窗格中的"库"，选择工具栏中的"新建库"按钮后直接输入库名称即可。

在"资源管理器"窗口中，选中一个库后单击鼠标右键，在弹出的快捷菜单中选择"属性"项，即可在之后显示的对话框的"库位置"区域看到当前所选择的库的默认路径。可以通过该对话框中的"包含文件夹"按钮添加新的文件夹到所选库中。

（2）Windows 7 库的添加、删除和重命名

① 添加指定内容到库中。

要将某个文件夹的内容添加到指定库中，只需在目标文件夹上单击鼠标右键，在弹出菜单中选择"包含到库中"，之后根据需要在子菜单中选择一个库名即可。通过子菜单中的"创建新库"项可以将所选文件夹内容添加至一个新建的库中，新库的名称与文件夹的名称相同。

② 删除与重命名库。

要删除或重命名库只需在该库上单击鼠标右键，选择弹出菜单中的"删除"或"重命名"即可。删除库不会删除原始文件，只是删除库链接而已。

五、实验要求

按照实验步骤完成实验，观察设置效果后，将各项设置恢复到原来的设置。

任务一　认识 Windows 7

1. 启动 Windows 7

（1）打开外设电源开关，如显示器。

（2）打开主机电源开关。

（3）计算机开始进行自检，然后引导 Windows 7 操作系统，若设置登录密码，则引导 Windows 7 后，会出现登录验证界面，单击用户账号出现密码输入框，输入正确的密码后按回车键可正常启动进入 Windows 7 系统；若没有设置登录密码，系统会自动进入 Windows 7。

2. 重新启动或关闭计算机

单击"开始"按钮，选择"关机"菜单项，就可以直接将计算机关闭。单击该菜单项右侧的箭头按钮图标 ▶ ，则会出现相应的子菜单，其中默认包含 5 个选项。

（1）切换用户。当存在两个或以上用户的时候可通过此按钮进行多用户的切换操作。

（2）注销。用来注销当前用户，以备下一个人使用或防止数据被其他人操作。

（3）锁定。锁定当前用户。锁定后需要重新输入密码认证才能正常使用。

（4）重新启动。当用户需要重新启动计算机时，应选择"重新启动"。系统将结束当前的所有会话，关闭 Windows，然后自动重新启动系统。

（5）睡眠。当用户短时间不用计算机又不希望别人以自己的身份使用计算机时，应选择此命令。系统将保持当前的状态并进入低耗电状态。

任务二　自定义 Windows 7

1. 自定义"开始"菜单

请按以下步骤对"开始"菜单进行设置。

（1）右键单击"开始"按钮，在弹出的快捷菜单中单击"属性"命令，打开"任务栏和「开始」菜单属性"对话框，如图 2.11 所示。

（2）单击"自定义"按钮，打开"自定义「开始」菜单"对话框。

（3）选中"控制面板"中的"显示为菜单"单选按钮，如图 2.12 所示，依次单击"确定"按钮。返回桌面，打开"开始"菜单并观察其变化，特别是"开始"菜单中"控制面板"菜单项的变化。

图 2.11　"任务栏和「开始」菜单属性"对话框
"「开始」菜单"选项卡

图 2.12　"自定义「开始」菜单"对话框

（4）再次打开图 2.12 所示对话框，选中该对话框中滚动条区域底部的"最近使用的项目"复选框。

（5）依次单击"确定"按钮。返回桌面，打开"开始"菜单，会发现在"开始"菜单中新增了一个"最近使用的项目"菜单项。

2. 自定义任务栏中的工具栏

请按以下步骤对工具栏进行设置。

（1）在任务栏空白处单击鼠标右键，弹出快捷菜单。

（2）把鼠标移到快捷菜单中的"工具栏"菜单项，此时显示出"工具栏"子菜单，如图 2.13 所示。

（3）选中"工具栏"子菜单中的"地址"项后，观察任务栏的变化。

图 2.13　任务栏右键快捷菜单

3. 自定义任务栏外观

请按以下步骤对任务栏进行设置。

（1）在任务栏空白处单击鼠标右键，在弹出的快捷菜单中单击"属性"命令，打开"任务栏和「开始」菜单属性"对话框，如图 2.14 所示。

图 2.14　"任务栏和「开始」菜单属性"对话框"任务栏"选项卡

（2）在"任务栏外观"区域中，分别有"锁定任务栏"、"自动隐藏任务栏"、"使用小图标"3 个复选框，更改各个复选框的状态后，单击"确定"按钮返回到桌面，观察任务栏的变化。

（3）通过"任务栏外观"区域下方的"屏幕上的任务栏位置"下拉列表中的选项可以更改任务栏在桌面上的位置，如上、下、左或右；通过"任务栏按钮"下拉列表中的选项可以设置任务栏上所显示的窗口图标是否合并以及何时合并等。

（4）通过"通知区域"中的"自定义"按钮可以显示或隐藏任务栏中通知区域中的图标和通知。通过"使用 Aero Peek 预览桌面"区域中的复选框可以选择是否使用 Aero Peek 预览桌面。

（5）更改任务栏大小：在任务栏空白处单击鼠标右键，在弹出的快捷菜单中勾选掉"锁定任务栏"选项前的"√"。当任务栏位于窗口底部时，将鼠标指针指向任务栏的上边缘，当鼠标的指针变为双向箭头"↕"时，向上拖动任务栏的上边缘即可改变任务栏的大小。

以上实验内容请同学们自己上机逐步操作、观察结果并加以体会。

任务三　进行文件和文件夹管理

1. 改变文件和文件夹的显示方式

"资源管理器"窗口的资源管理窗格中显示当前选定项目的文件和文件夹的列表，可改变它们的显示方式。请按以下步骤对文件和文件夹的显示方式进行设置。

（1）在"资源管理器"窗口中单击"查看"菜单，依次选择"超大图标"、"大图标"、"列表"、"详细信息"、"平铺"等项，观察资源管理窗格中文件和文件夹显示方式的变化。

（2）单击"查看"菜单中的"分组依据"菜单项，通过之后显示的子菜单项可以将资源管理窗格中的文件和文件夹进行分组，如图2.15所示。依次选择该子菜单中的项，观察资源管理窗格中文件和文件夹显示方式的变化。

（3）单击"查看"菜单中的"排序方式"菜单项，通过之后显示的子菜单项可以将资源管理窗格中的文件和文件夹进行排序显示，如图2.16所示。依次选择该子菜单中的项，观察资源管理窗格中文件和文件夹显示方式的变化。

名称	名称
修改日期	修改日期
类型	类型
● 大小	● 大小
(无)(N)	
递增(A)	递增(A)
● 递减(D)	● 递减(D)
更多(M)...	更多(M)...

图2.15　"分组依据"子菜单　　　　图2.16　"排序方式"子菜单

（4）单击"工具"菜单中的"文件夹选项"，打开"文件夹选项"对话框。改变"浏览文件夹"和"打开项目的方式"中的选项，单击"确定"按钮，之后试着打开不同的文件夹和文件，观察显示方式及打开方式的变化。

（5）仍然打开"文件夹选项"对话框，选择"查看"选项卡，选中"隐藏已知文件类型的扩展名"复选框，如图2.17所示，单击"确定"按钮，观察文件显示方式的变化。

图2.17　"文件夹选项"对话框"查看"选项卡

2．创建文件夹和文件

在 E 盘创建新文件夹以及为文件夹创建新文件的步骤如下。

（1）打开"资源管理器"窗口。

（2）选择创建新文件夹的位置。在导航窗格中单击 E 盘图标，资源管理窗格中显示 E 盘根目录下的所有文件和文件夹。

（3）创建新文件夹有以下多种方法。

方法一：在资源管理窗格空白处，单击鼠标右键，弹出快捷菜单，在快捷菜单中选择"新建"|"文件夹"命令，然后输入文件夹名称"My Folder1"，按回车键完成。

方法二：选择菜单"文件"|"新建"|"文件夹"命令，然后输入文件夹名称"My Folder1"，按回车键完成。

（4）双击新建好的"My Folder1"文件夹，打开该文件夹窗口，在资源管理窗格空白处单击鼠标右键，弹出快捷菜单，在快捷菜单中选择"新建"|"文本文档"命令，然后输入文件名称"My File1"，按回车键完成。

（5）使用同样方法在 E 盘根目录下创建"My Folder2"文件夹，并在"My Folder2"文件夹下创建文本文件"My File2"。

3．复制、移动文件和文件夹

请按以下步骤操作练习文件的复制、粘贴等。

（1）打开"资源管理器"窗口。

（2）找到并进入"My Folder2"文件夹，选中"My File2"文件。

（3）选择菜单"编辑"|"复制"命令或按<Ctrl>+<C>组合键或单击鼠标右键在快捷菜单中选择"复制"，此时，"My File2"文件被复制到剪贴板。

（4）进入"My Folder1"文件夹。

（5）选择菜单"编辑"|"粘贴"命令或按<Ctrl>+<V>组合键或单击鼠标右键在快捷菜单中选择"粘贴"，此时，"My File2"文件被复制到目的文件夹"My Folder1"。

移动文件的步骤与复制基本相同，只需将第（3）步中的"复制"命令改为"剪切"或将<Ctrl>+<C>组合键改为<Ctrl>+<X>组合键。

4．重命名、删除文件和文件夹

请按以下步骤操作练习文件的删除和重命名。

（1）打开"资源管理器"，找到并进入"My Folder1"文件夹，选中"My File2"文件。

（2）选择菜单"文件"|"重命名"命令或单击鼠标右键在快捷菜单中选择"重命名"，输入"My File3"后按回车键结束。

（3）选择"My File3"文件，单击菜单"文件"|"删除"命令或直接在键盘上按<Del>/<Delete>键，在弹出的"删除文件"对话框中，单击"是"按钮即可删除所选文件。

> 这种文件删除方法只是把要删除的文件转移到了"回收站"，如果需要彻底地删除该文件，可在执行删除操作的同时按下<Shift>键。

（4）双击桌面上的"回收站"图标，在"回收站"窗口中选中刚才被删除的文件，单击工具栏中的"还原此项目"按钮，该文件即可被还原到原来的位置。

（5）在"回收站"窗口中选择工具栏中的"清空回收站"按钮，对话框确认删除后，回收站中所有的文件均被彻底删除，无法再还原。

文件夹的操作与文件的操作基本相同，只是文件夹在复制、移动、删除的过程中，文件夹中所包含的所有子文件以及子文件夹都将进行相同的操作。

任务四　运行 Windows 7 桌面小工具

1. 打开 Windows 7 桌面小工具

单击"开始"|"所有程序"|"桌面小工具库"即可打开桌面小工具，如图 2.18 所示。

图 2.18　Windows 7 桌面小工具

在窗口中间显示的是系统提供的小工具，每选中一个小工具，窗口下部会显示该工具的相关信息，如果不显示，单击窗口左下角的"显示详细信息"即可。通过窗口右下角的"联机获取更多小工具"可以连接到 Internet 上下载更多的小工具。

2. 添加小工具到桌面

如果要将小工具"百度 搜索"添加到桌面，只需在图 2.18 中选中"百度 搜索"后单击鼠标右键，选择弹出菜单中的"添加"即可。添加成功后该小工具显示在桌面右上角，并且通过其右侧的工具条可以对其进行"关闭"、"较大尺寸/较小尺寸"和"拖动"操作。

任务五　运行 Windows 7"画图"应用程序

单击"开始"|"所有程序"|"附件"|"画图"，即运行画图程序，如图 2.19 所示。

图 2.19　"画图"窗口

在"主页"选项卡中显示出的是主要的绘图工具，包含剪贴板、图像、工具、形状、粗细和颜色功能模块，提供给用户对图片进行编辑和绘制的功能。请同学们依次练习绘图工具的使用，注意在画形状时形状轮廓以及形状填充的使用。

任务六 添加和删除输入法

请按以下步骤操作，为系统添加"简体中文全拼"输入法并删除"简体中文郑码"输入法（如果已安装）。

（1）右键单击任务栏上的语言栏，弹出语言栏快捷菜单，如图 2.20 所示。

（2）选择"设置"命令，出现"文字服务和输入语言"对话框，如图 2.21 所示。

图 2.20 语言栏右键快捷菜单　　　　图 2.21 "文字服务和输入语言"对话框

（3）单击"添加"按钮，弹出"添加输入语言"对话框，选中列表框中的"简体中文全拼"复选框，依次单击 "确定"按钮使设置生效。

（4）单击任务栏中的语言栏图标，可看到新添加的"简体中文全拼"输入法。

（5）再次打开图 2.21 所示"文字服务和输入语言"对话框，选择"已安装的服务"中的"简体中文郑码"，单击"删除"按钮即可将该输入法删除。

任务七 更改系统日期、时间及时区

请按以下步骤操作，将系统日期设为"2010 年 6 月 30 日"，系统时间设为"10:20:30"，时区设为"吉隆坡，新加坡"。

（1）右键单击任务栏最右侧的时间，选择弹出菜单中的"调整日期/时间"项，弹出"日期和时间"对话框。

（2）单击"更改日期和时间"按钮，弹出"日期和时间设置"对话框，依次更改年份为"2010"，月份为"六月"，日期为"30"，时间为"10:20:30"，依次单击"确定"按钮关闭对话框。

（3）观察任务栏右侧的显示时间，已经发生改变。

（4）再次打开"日期和时间"对话框，单击"更改时区"按钮，弹出"时区设置"对话框，在"时区"下拉列表中选择"(UTC+08:00)吉隆坡，新加坡"，依次单击"确定"按钮使设置生效。

实验二　Windows 7 的高级操作

一、实验学时：2 学时

二、实验目的

- 掌握控制面板的使用方法
- 掌握 Windows 7 中外观和个性化设置的基本方法
- 掌握用户账户管理的基本方法
- 掌握打印机的安装及设置方法
- 掌握 Windows 7 系统对磁盘进行清理和碎片整理来优化和维护系统的方法

三、相关知识

1. 控制面板

控制面板（Control Panel）集中了用来配置系统的全部应用程序，它允许用户查看并进行计算机系统软硬件的设置和控制，因此，对系统环境进行调整和设置的时候，一般都要通过"控制面板"进行。如添加硬件、添加/删除软件、控制用户账户、外观和个性化设置等。Windows 7 提供了"分类视图"和"图标视图"两种控制面板界面，其中，"图标视图"有两种显示方式：大图标和小图标。"分类视图"允许打开父项并对各个子项进行设置，如图 2.22 所示。在"图标视图"中能够更直观地看到计算机可以采用的各种设置，如图 2.23 所示。

图 2.22　控制面板"分类视图"界面

图 2.23 控制面板"图标视图"界面

2. 账户管理

Windows 7 支持多用户管理，多个用户可以共享一台计算机，并且可以为每一个用户创建一个用户账户以及为每个用户配置独立的用户文件，从而使得每个用户登录计算机时，都可以进行个性化的环境设置。在控制面板中，单击"用户账户和家庭安全"，打开相应的窗口，可以实现用户账户、家长控制等管理功能。在"用户账户"中，可以更改当前账户的密码和图片、管理其他账户，也可以添加或删除用户账户。在"家长控制"中，可以为指定标准类型账户实施家长控制，主要包括时间控制、游戏控制和程序控制。在使用该功能时，必须为计算机管理员账户设置密码保护，否则一切设置将形同虚设。

3. 磁盘管理

磁盘管理是一项计算机使用时的常规任务，它以一组磁盘管理应用程序的形式提供给用户，包括查错程序、磁盘碎片整理程序、磁盘清理程序等。在 Windows 7 中没有提供一个单独的应用程序来管理磁盘，而是将磁盘管理集成到"计算机管理"中。通过单击桌面的"计算机"图标，在弹出的快捷菜单中单击"管理"即可打开"计算机管理"窗口，选择"存储"中的"磁盘管理"，将打开"磁盘管理"功能。利用磁盘管理工具可以一目了然地列出所有磁盘情况，并对各个磁盘分区进行管理操作。

四、实验范例

1. 设置控制面板视图方式

在 Windows 7 中控制面板的图标可以以分类视图或图标视图两种方式查看。单击"开始"按钮，在"开始"菜单中选择"控制面板"，打开"控制面板"窗口。通过窗口"查看方式"旁边的下拉列表选项可以在类别视图、大图标视图和小图标视图之间进行切换。

2．外观和个性化设置（以分类视图为例）

请按以下步骤对 Windows 系统进行外观及个性化设置。

（1）在"控制面板"窗口中单击"外观和个性化"，显示"外观和个性化"设置窗口。

（2）单击"个性化"中的"更改主题"，在之后显示的主题列表中选择不同的主题后观察桌面以及窗口等的变化。

（3）单击"个性化"中的"更改桌面背景"，在之后显示的图片列表中选择一张图片，并在"图片位置"下拉列表中选择"居中"后单击"保存修改"按钮，观察桌面的变化。

（4）单击"个性化"中的"更改屏幕保护程序"，弹出"屏幕保护程序设置"对话框，如图2.24 所示。选择"屏幕保护程序"区域下拉列表中的"三维文字"后，单击"设置"按钮，弹出"三维文字设置"对话框，如图 2.25 所示。在"自定义文字"栏输入"欢迎使用 Windows 7"，设置旋转类型为"摇摆式"，单击"确定"按钮返回到"屏幕保护程序设置"对话框时即可在预览区看到屏保效果，若要全屏预览，单击"预览"按钮即可。若要保存此设置，单击"确定"按钮。

图 2.24 "屏幕保护程序设置"对话框

图 2.25　"三维文字设置"对话框

五、实验要求

按照实验步骤完成实验，观察设置效果后，将设置恢复到原来的设置。

任务一　设置个性化的 Windows 7 外观

1. 更改桌面背景（图片任意），并以拉伸方式显示

在桌面空白处单击鼠标右键，在弹出的快捷菜单中选择"个性化"命令，打开"个性化"设置窗口，选择窗口下方的"桌面背景"图标，显示如图 2.26 所示的"桌面背景"设置窗口。直接在图片下拉框中选取一张图片并在"图片位置"下拉列表中选择"拉伸"后，单击"保存修改"按钮即可。

如果要将多张图片设为桌面背景，在图 2.26 所示窗口中按下<Ctrl>键，再依次选取多个图片文件，在"图片位置"下拉列表中选择"拉伸"，并在"更改图片时间间隔"下拉列表中选择更改间隔，如果希望多张图片无序播放，选中"无序播放"复选框，单击"保存修改"按钮使设置生效，返回到桌面观察效果。

2. 更改窗口边框、"开始"菜单和任务栏的颜色为深红色，并启用透明效果

（1）在"控制面板"中单击"外观和个性化"，显示"外观和个性化"设置窗口。

（2）单击"个性化"中的"更改半透明窗口颜色"，在之后显示的颜色图标中单击"深红色"并勾中"启用透明效果"复选框。

（3）单击"保存修改"按钮后观察窗口边框、"开始"菜单以及任务栏的变化。

图 2.26   "桌面背景"设置窗口

3. 设置活动窗口标题栏的颜色为黑、白双色，字体为华文新魏，字号为 12，颜色为红色

（1）在"控制面板"中单击"外观和个性化"，显示"外观和个性化"设置窗口。

（2）单击"个性化"中的"更改半透明窗口颜色"，在之后显示的窗口中单击"高级外观设置"，弹出"窗口颜色和外观"对话框，如图 2.27 所示。

图 2.27   "窗口颜色和外观"对话框

（3）在"项目"下拉列表中选择"活动窗口标题栏"，"颜色1"选择"黑色"，"颜色2"选择"白色"。

（4）在"字体"下拉列表中选择"华文新魏"，"大小"下拉列表选择"12"。

（5）单击"确定"按钮后观察活动窗口的变化。

任务二　设置显示鼠标指针的轨迹并设为最长

（1）在"控制面板"中单击"硬件和声音"，显示"硬件和声音"设置窗口。

（2）单击"设备和打印机"中的"鼠标"，打开"鼠标 属性"对话框，单击"指针选项"选项卡，在"可见性"区域中，选中"显示指针轨迹"复选框并拖动滑块至最右边，如图 2.28 所示。

（3）单击"确定"按钮。

任务三　添加新用户"user1"，密码设置为"123456789"（只有系统管理员才有用户账户管理的权限）

（1）在"控制面板"中单击"用户账户和家庭安全"中的"添加或删除用户账户"，显示"管理账户"窗口。

（2）单击"创建一个新账户"，在之后显示的窗口中输入新账户的名称"user1"，使用系统推荐的账户类型，即标准账户，如图 2.29 所示。

图 2.28　"鼠标 属性"对话框

图 2.29　"创建新账户"窗口

（3）单击"创建账户"按钮后返回到"管理账户"窗口。

（4）单击账户列表中的新建账户"user1"，在之后显示的窗口中单击"创建密码"，显示"创建密码"窗口，如图2.30所示。

（5）分别在"新密码"和"确认新密码"框中输入"123456789"后，单击"创建密码"按钮。

图2.30   "创建密码"窗口

设置完成后，打开"开始"菜单，将鼠标移动到"关机"菜单项旁的箭头按钮上，单击选择弹出菜单中的"切换用户"，则显示系统登录界面，此时已可以看到新增加的账户"user1"，单击选择该账户后输入密码就可以以新的用户身份登录系统。

在"管理账户"窗口选择一个账户后，还可以使用"更改账户名称"、"更改密码"、"更改图片"、"更改账户类型"及"删除账户"等功能对所选账户进行管理。

任务四　打印机的安装及设置

1. 安装打印机

安装打印机，首先将打印机的数据线连接到计算机的相应端口上，接通电源打开打印机，然后打开"开始"菜单，选择"设备和打印机"打开"设备和打印机"窗口。也可以通过"控制面板"中"硬件和声音"中的"查看设备和打印机"进入。在"设备和打印机"窗口中单击工具栏中的"添加打印机"按钮，显示如图2.31所示"添加打印机"对话框。选择要安装的打印机类型（本地打印机或网络打印机），在此选择"添加本地打印机"，之后要依次选择打印机使用的端口、打印机厂商和打印机类型，确定打印机名称并安装打印机驱动程序，最后根据需要选择是否共享打印机即可完成打印机的安装。安装完毕后，"设备和打印机"窗口中会出现相应的打印机图标。

2. 设置默认打印机

如果安装了多台打印机，在执行具体打印任务时可以选择打印机或将某台打印机设置为默认打印机。要设置默认打印机，先打开"设备和打印机"窗口，在某个打印机图标上单击鼠标右键，在弹出的快捷菜单中单击"设置为默认打印机"即可。默认打印机的图标左下角有一个"√"标识。

3. 取消文档打印

在打印过程中，用户可以取消正在打印或打印队列中的打印作业。鼠标双击任务栏中的打印机图标，打开打印队列，右键单击要停止打印的文档，在弹出菜单中选择"取消"。若要取消所有文档的打印，选择"打印机"菜单中的"取消所有文档"。

图 2.31　"添加打印机"对话框

任务五　使用系统工具维护系统

由于在计算机的日常使用中，逐渐会在磁盘上产生文件碎片和临时文件，致使运行程序、打开文件变慢，因此可以定期使用"磁盘清理"删除临时文件，释放硬盘空间，使用"磁盘碎片整理程序"整理文件存储位置，合并可用空间，提高系统性能。

1. 磁盘清理

（1）单击"开始"|"所有程序"|"附件"|"系统工具"，选择"磁盘清理"命令，打开"磁盘清理：驱动器选择"对话框。

（2）选择要进行清理的驱动器，在此使用默认选择"（C：）"。

（3）单击"确定"按钮，会显示一个带进度条的计算 C 盘上释放空间数的对话框，如图 2.32 所示。

（4）计算完毕则会弹出"（C：）的磁盘清理"对话框，如图 2.33 所示，其中显示系统清理出的建议删除的文件及其所占磁盘空间的大小。

（5）在"要删除的文件"列表框中选中要删除的文件，单击"确定"按钮，在之后弹出的"磁盘清理"确认删除对话框中单击"删除文件"按钮，弹出"磁盘清理"对话框，清理完毕，该对话框自动消失。

依次对 C、D、E 各磁盘进行清理，注意观察并记录清理磁盘时获得的空间总数。

图 2.32　"磁盘清理"计算释放空间进度显示对话框

图 2.33　"（C：）的磁盘清理"对话框

2. 磁盘碎片整理程序

进行磁盘碎片整理之前，应先把所有打开的应用程序都关闭，因为一些程序在运行的过程中可能要反复读取磁盘数据，会影响磁盘整理程序的正常工作。

（1）单击"开始"｜"所有程序"｜"附件"｜"系统工具"，选择"磁盘碎片整理程序"命令，打开"磁盘碎片整理程序"对话框。

（2）选择磁盘驱动器后单击"分析磁盘"按钮，进行磁盘分析。

（3）分析完后，可以根据分析结果选择是否进行磁盘碎片整理。如果在"上一次运行时间"列中显示检查磁盘碎片的百分比超过了 10%，则应该进行磁盘碎片整理，只需单击"磁盘碎片整理"按钮即可。

任务六　打开和关闭 Windows 功能

Windows 7 附带的某些程序和功能（如 Internet 信息服务），必须在使用之前将其打开，不再使用时则可以将其关闭。在 Windows 的早期版本中，若要关闭某个功能，必须从计算机上将其完全卸载。在 Windows 7 中，关闭某个功能不会将其卸载，仍会保留存储在硬盘上，以便需要时可以直接将其打开。

（1）单击"开始"｜"控制面板"，打开"控制面板"窗口。

（2）选择"程序"，在之后显示的窗口中单击"程序和功能"中的"打开或关闭 Windows 功能"，显示如图 2.34 所示"Windows 功能"对话框。

（3）若要打开某个 Windows 功能，选中该功能对应的复选框；若要关闭某个 Windows 功能则清除其所对应的复选框。

（4）单击"确定"按钮。

图 2.34　"Windows 功能"对话框

第3章
常用办公软件 Word 2010

实验一　文档的创建与排版

一、实验学时：2学时

二、实验目的

- 熟练掌握 Word 2010 的启动与退出方法，认识 Word 2010 主窗口的屏幕对象
- 熟练掌握操作 Word 2010 功能区、选项卡、组和对话框的方法
- 熟练掌握利用 Word 2010 建立、保存、关闭和打开文档的方法
- 熟练掌握输入文本的方法
- 熟练掌握文本的基本编辑方法以及设定文档格式的方法，包括插入点的定位、文本的输入、选择、插入、删除、移动、复制、查找和替换、撤消与恢复等操作
- 掌握文档的不同视图显示方式
- 熟练掌握设置字符格式的方法，包括选择字体、字形与字号，以及字体颜色、下画线、删除线等
- 熟练掌握设置段落格式的方法，包括对文本的字间距、段落对齐、段落缩进、段落间距等进行设置
- 熟练掌握首字下沉、边框和底纹等特殊格式的设置方法
- 掌握格式刷和样式的使用方法
- 掌握项目符号和编号的使用方法
- 掌握利用模板建立文档的方法

三、相关知识

1. 基本知识

Word 2010 是 Microsoft Office 办公系列软件之一，是目前办公自动化中最流行的、全面支持简繁体中文的、功能更加强大的新一代综合排版工具软件。

Word 2010 的用户界面仍然采用 Ribbon 界面风格，包括可智能显示相关命令的 Ribbon 面板，但是在 Word 2010 中采用"文件"按钮取代了 Word 2007 中的"Office"按钮。

Microsoft Office Word 2010 集编辑、排版和打印等功能为一体，并同时能够处理文本、图形和表格，满足各种公文、书信、报告、图表、报表以及其他文档打印的需要。

2. 基本操作

Word 文档是由 Word 编辑的文本。文档编辑是 Word 2010 的基本功能，主要完成文档的建立、文本的录入、保存文档、选择文本、插入文本、删除文本以及移动、复制文本等基本操作，并提供了查找和替换功能、撤消和重复功能。文档被保存时，会生成以".docx"为默认扩展名的文件。

3. 基本设置

文档编辑完成之后，就要对整篇文档进行排版以使文档具有美观的视觉效果，包括字符格式设置、段落格式设置、边框与底纹设置、项目符号与编号设置以及分栏设置等。还有一些特殊格式设置，包括首字下沉、给中文加拼音、加删除线等。

4. 高级操作

（1）格式刷

使用格式刷可以快速地将某文本的格式设置应用到其他文本上，操作步骤如下。

① 选中要复制样式的文本。

② 单击功能区中的"开始"选项卡，单击"剪贴板"组中的"格式刷"按钮，之后将鼠标移动到文本编辑区，会看到鼠标旁出现一个小刷子的图标。

③ 用格式刷扫过（即按下鼠标左键拖动）需要应用样式的文本即可。

单击"格式刷"按钮，使用一次后格式刷功能就自动关闭了。如果需要将某文本的格式连续应用多次，则需双击"格式刷"按钮，之后直接用格式刷扫过不同的文本就可以了。要结束使用格式刷功能，再次单击"格式刷"按钮或按<Esc>键均可。

（2）样式与模板

样式与模板是 Word 中非常重要的内容，熟练使用这两个工具可以简化格式设置的操作，提高排版的质量和速度。

样式是应用于文档中文本、表格等的一组格式特征，利用其能迅速改变文档的外观。应用样式时，只需执行简单的操作就可以应用一组格式。选择功能区中"开始"选项卡下"样式"组中的样式显示区域右下角的"其他"按钮，在出现的下拉框中显示出了可供选择的样式。要对文档中的文本应用样式，先选中这段文本，然后单击下拉框中需要使用的样式名称就可以了。要删除某文本中已经应用的样式，可先将其选中，再选择下拉框中的"清除格式"选项即可。

如果要快速改变具有某种样式的所有文本的格式，可通过重新定义样式来完成。选择功能区中"开始"选项卡下"样式"组中的样式显示区域右下角的"其他"按钮，在出现的下拉框中选择"应用样式"选项，在弹出的"应用样式"任务窗格中的"样式名"框键入要修改的样式名称后单击"修改"按钮，即可在弹出的对话框中看到该样式的所有格式，通过对话框中"格式"区域中的格式设置按钮可以完成对该样式的修改。

Word 2010 提供了内容涵盖广泛的模板，有博客文章、书法字帖以及信函、传真、简历和报告等，利用其可以快速地创建专业而且美观的文档。模板就是一种预先设定好的特殊文档，已经包含了文档的基本结构和文档设置，如页面设置、字体格式、段落格式等，方便以后重复使用，省去每次都要排版和设置的烦恼。对于某些格式相同或相近文档的排版工作，模板是不可缺少的工具。Word 2010 模板文件的扩展名为".dotx"，利用模板创建新文档的方法请参考其他书籍，在此不再赘述。

四、实验范例

1. 启动 Word 2010 窗口

启动 Word 2010 有多种方法，请思考并实际操作一下。

2. 认识 Word 2010 的窗口构成

Word 2010 的窗口主要包括标题栏、快速访问工具栏、"文件"按钮、功能区、标尺栏、文档编辑区和状态栏。

3. 熟悉 Word 2010 各个选项卡的组成

4. 文件的建立与文本的编辑

（1）建立新文档

单击"文件"按钮，在打开的"文件"面板中选择"新建"命令，在右侧的面板中列出了可用的模板选项以及 Office.com 网站所提供的模板选项，根据需要选择合适的选项即可建立新文档。本范例选择"空白文档"。

（2）文档的输入

在新建的文档中输入实验范例文字，暂且不管字体及格式。输入完毕将其保存为"D:\AA.docx"。

> 注意
>
> 操作 1、操作 2 的目的是练习输入，如果已经掌握，可直接打开某个已经存在的文件。

实例范例文字如下。

Windows 操作系统

从 1983 年到 1998 年，美国 Microsoft 公司陆续推出了 Windows 1.0、Windows 2.0、Windows 3.0、Windows 3.1、Windows NT、Windows 95、Windows 98 等系列操作系统。Windows 98 以前版本的操作系统都由于存在某些缺点而很快被淘汰。而 Windows 98 提供了更强大的多媒体和网络通信功能，以及更加安全可靠的系统保护措施和控制机制，从而使 Windows 98 系统的功能趋于完善。1998 年 8 月，Microsoft 公司推出了 Windows 98 中文版，这个版本当时应用非常广泛。

2000 年，Microsoft 公司推出了 Windows 2000 的英文版。Windows 2000 也就是改名后的 Windows NT5，Windows 2000 具有许多意义深远的新特性。同年，又发行了 Windows Me 操作系统。

2001 年，Microsoft 公司推出了 Windows XP。Windows XP 整合了 Windows 2000 的强大功能特性，并植入了新的网络单元和安全技术，具有界面时尚、使用便捷、集成度高、安全性好等优点。

2005 年，Microsoft 公司又在 Windows XP 的基础上推出了 Windows Vista。Windows Vista 仍然保留了 Windows XP 整体优良的特性，通过进一步完善，在安全性、可靠性及互动体验等方面更为突出和完善。

Windows 7 第一次在操作系统中引入 Life Immersion 概念，即在系统中集成许多人性因素，一切以人为本，同时沿用了 Vista 的 Aero（Authentic 真实，Energetic 动感，Reflective 反射性，Open 开阔）界面，提供了高质量的视觉感受，使得桌面更加流畅、稳定。为了满足不同定位用户群体的需要，Windows 7 提供了 5 个不同版本：家庭普通版（Home Basic 版）、家庭高级版（Home Premium 版）、商用版（Business 版）、企业版（Enterprise 版）和旗舰版（Ultimate 版）。2009 年 10 月 22 日微软于美国正式发布 Windows 7 作为微软新的操作系统。

5. 撤消与恢复

在"快速访问工具栏"上有"撤消"与"恢复"按钮，可以把编者对文件的操作进行按步倒退及前进，请同学们上机实际操作加以体会。

6. 字体及段落设置

将刚建立的文件"D:\AA.docx"打开并进行以下设置。

（1）第一段设置成隶书、二号，居中。

（2）第二段设置成宋体、小四、斜体，左对齐，段前和段后各 1 行间距。

（3）第三段设置成宋体、小四，行距设为最小值 20 磅。

（4）第四段设置成楷体、小四、加波浪线；左右各缩进 2 个字符，首行缩进 2 个字符，1.5 倍行距，段前、段后各 0.5 行间距。

（5）第五段的设置同第三段。

（6）第六段设置成楷体，小四，加粗。

7. 文字的查找和替换（以刚建立的"D:\AA.docx"为例）

（1）查找指定文字"操作系统"，步骤如下。

① 打开"D:\AA.docx"文档，并将光标定位到文档首部。

② 单击"开始"选项卡里"编辑"组中"查找"按钮下拉框中的"高级查找"选项，出现"查找和替换"对话框。

③ 在对话框的"查找内容"栏内输入"操作系统"。

④ 单击"查找下一处"按钮，将定位到文档中匹配该查找关键字的位置，并且匹配文字以蓝底黑字显示，表明在文档中找到一个"操作系统"。

⑤ 连续单击"查找下一处"按钮，则相继定位到文档中的其余匹配项，直至出现一个提示已完成文档搜索的对话框，就表明所有的"操作系统"都找出来了。

⑥ 单击"取消"则关闭"查找和替换"对话框，返回到 Word 窗口。

（2）将文档中的"Windows"替换为"WINDOWS"，步骤如下。

① 打开"D:\AA.Docx"文档，并将光标定位到文档首部。

② 单击"开始"选项卡上的"编辑"组中"替换"按钮，出现"查找和替换"对话框。

③ 在"查找内容"栏内输入"Windows"，在"替换为"栏内输入"WINDOWS"。

④ 单击"全部替换"按钮，屏幕上出现一个对话框，报告已完成所有替换。

⑤ 单击对话框的"确定"按钮关闭该对话框并返回到"查找和替换"对话框。

⑥ 单击"关闭"按钮关闭"查找和替换"对话框，返回到 Word 窗口，这时所有的"Windows"都替换成了"WINDOWS"。

8. 视图显示方式的切换

通过单击"视图"选项卡中"文档视图"组里的各种视图按钮，进行各种视图显示方式的切换，并认真观察显示效果。

9. 关闭 Word 2010

退出 Word 2010 有多种方法，请实际操作并体会。

实验做完，请正常关闭系统，并认真总结实验过程和所取得的收获。

五、实验要求

任务一

【原文】

同实验范例中原文。

【操作要求】

（1）将标题字体格式设置成宋体、三号，加粗，居中，将标题的段前、段后间距设置为一行。

（2）将正文中的中文设置为宋体、五号，西文设置为 Times New Roman、五号，将正文设为行距 1.5 倍。

（3）为正文填加项目符号，样式如样本图 3.1 所示。

（4）将正文中添加项目符号的内容字体格式设为斜体，并为其添加蓝色波浪线型下画线。

（5）给正文第 1 行中的 "WINDOWS 1.0、WINDOWS 2.0、WINDOWS 3.0、WINDOWS3.1、WINDOWS NT、WINDOWS 95、WINDOWS 98" 添加红色下画线。

（6）将最后一段中的文字设为黑体、加粗。

【样本】

如图 3.1 所示。

任务二

【原文】

被同伴驱逐的蝙蝠

很久以前，鸟类和走兽，因为发生一点争执，就爆发了战争。并且，双方僵持，各不相让。

有一次，双方交战，鸟类战胜了。蝙蝠突然出现在鸟类的堡垒。"各位，恭喜啊！能将那些粗暴的走兽打败，真是英雄啊！我有翅膀又能飞，所以是鸟的伙伴！请大家多多指教！"

这时，鸟类非常需要新伙伴的加入，以增强实力。所以很欢迎蝙蝠的加入。可是蝙蝠是个胆小鬼，等到战争开始，便秘不露面，躲在一旁观战。

后来，当走兽战胜鸟类时，走兽们高声地唱着胜利的歌。蝙蝠却又突然出现在走兽的营区。"各位恭喜！把鸟类打败！实在太棒了！我是老鼠的同类，也是走兽！敬请大家多多指教！"走兽们也很乐意的将蝙蝠纳入自己的同伴群中。

于是，每当走兽们胜利，蝙蝠就加入走兽。每当鸟类们打赢，却又成为鸟类们的伙伴。最后战争结束了，走兽和鸟类言归和好，双方都知道了蝙蝠的行为。当蝙蝠再度出现在鸟类的世界时，鸟类很不客气的对他说："你不是鸟类！"被鸟类赶出来的蝙蝠只好来到走兽的世界，走兽们则说："你不是走兽！"并赶走了蝙蝠。

最后，蝙蝠只能在黑夜，偷偷的飞着。

【操作要求】

（1）标题：居中，设为华文新魏、二号字，加着重号并加粗。

（2）所有正文段落首行缩进 2 个字符，左右缩进各一个字符，1.5 倍行间距。

（3）第一段：设为宋体、四号字、加粗。

WINDOWS 操作系统

从 1983 年到 1998 年，美国 Microsoft 公司陆续推出了 WINDOWS 1.0、WINDOWS 2.0、WINDOWS 3.0、WINDOWS3.1、WINDOWS NT、WINDOWS 95、WINDOWS 98 等系列操作系统。WINDOWS 98 以前版本的操作系统都由于存在某些缺点而很快被淘汰。而 WINDOWS 98 提供了更强大的多媒体和网络通信功能，以及更加安全可靠的系统保护措施和控制机制，从而使 WINDOWS 98 系统的功能趋于完善。1998 年 8 月，Microsoft 公司推出了 WINDOWS 98 中文版，这个版本当时应用非常广泛。

◇ *2000 年，Microsoft 公司推出了 WINDOWS 2000 的英文版。WINDOWS 2000 也就是改名后的 WINDOWS NT5。WINDOWS 2000 具有许多意义深远的新特性。同年，又发行了 WINDOWS Me 操作系统。*

◇ *2001 年，Microsoft 公司推出了 WINDOWS XP。WINDOWS XP 整合了 WINDOWS 2000 的强大功能特性，并植入了新的网络单元和安全技术，具有界面时尚、使用便捷、集成度高、安全性好等优点。*

◇ *2005 年，Microsoft 公司又在 WINDOWS XP 的基础上推出了 WINDOWS Vista。WINDOWS Vista 仍然保留了 WINDOWS XP 整体优良的特性，通过进一步完善，在安全性、可靠性及互动体验等方面更为突出和完善。*

WINDOWS 7 第一次在操作系统中引入 Life Immersion 概念，即在系统中集成许多人性因素，一切以人为本，同时沿用了 Vista 的 Aero（Authentic 真实，Energetic 动感，Reflective 反射性，Open 开阔）界面，提供了高质量的视觉感受，使得桌面更加流畅、稳定。为了满足不同定位用户群体的需要，WINDOWS 7 提供了 5 个不同版本：家庭普通版（Home Basic 版）、家庭高级版（Home Premium 版）、商用版（Business 版）、企业版（Enterprise 版）和旗舰版（Ultimate 版）。2009 年 10 月 22 日微软于美国正式发布 WINDOWS 7 作为微软新的操作系统。

图 3.1　任务一样本

（4）第二段：设为华文新魏、四号字、倾斜，分散对齐。

（5）第三段：设为黑体、四号字、加粗。

（6）第四段：用格式刷将该段设为与第三段同样的格式，并将字体颜色设为红色。

（7）第五段：设为宋体、四号字、倾斜，并将字体颜色设为蓝色。

（8）第六段：设为黑体、小三、红色并加粗，加下画线。

（9）整篇文档加页面边框，如样本图 3.2 所示。

（10）在所给文字的最后输入不少于 3 个你最喜欢的课程的名称，设为宋体、四号，行间距为固定值 22 磅，并加项目符号，如样本图 3.2 所示。

（11）在 D 盘建立一个以自己名字命名的文件夹，存放自己的 Word 文档作业，该作业以"自己的名字+1"命名。

【样本】

如图 3.2 所示。

图 3.2 任务二样本

实验二 表格制作

一、实验学时：2 学时

二、实验目的

- 掌握 Word 2010 创建表格和编辑表格的基本方法
- 掌握 Word 2010 设计表格格式的常用方法
- 掌握 Word 2010 表格美化的方法

三、相关知识

表格具有信息量大、结构严谨、效果直观等优点，而表格的使用可以简洁有效地将一组相关数据放在同一个正文中，因此，掌握表格制作的操作是十分必要的。

表格是用于组织数据的最有用的工具之一，以行和列的形式简明扼要地表达信息，便于读者阅读。在 Word 2010 中，不仅可以非常方便、快捷地创建一个新表格，还可以对表格进行编辑、修饰，如增加或删除一行（列）或多行（列）、拆分或合并单元格、调整行（列）高、设置表格边框、底纹等，以增加其视觉上的美观程度，而且还能对表格中的数据进行排序以及简单计算等。

Word 2010 表格制作功能，包括以下几方面。

1. 创建表格的方法

（1）插入表格：在文档中创建规则的表格。

（2）绘制表格：在文档中创建复杂的不规则表格。

（3）快速制表：在文档中快速创建具有一定样式的表格。

2. 编辑与调整表格

（1）输入文本：在内容输入的过程中，可以同时修改录入内容的字体、字号、颜色等，这与文档的字符格式设置方法相同，都需要先选中内容再设置。

（2）调整行高与列宽。

（3）单元格的合并、拆分与删除等。

（4）插入行或列。

（5）删除行或列。

（6）更改单元格对齐方式：单元格中文字的对齐方式一共有9种，默认的对齐方式是靠上左对齐。

（7）绘制斜线表头。

3. 美化表格

（1）修改表格的框线颜色及线型。

（2）为表格添加底纹。

4. 表格数据的处理

（1）表格转换为文本。

（2）对表格中的数据进行计算。

（3）对表格中的数据进行排序。

5. 自动套用表格样式

四、实验范例

1. 建立表格

建立一个 6 行 3 列的表格，按表 3.1 所示输入文字，并将单元格中文字设置为黑体、加粗、小五号、居中，完成后存为"D:\biao.docx"。

表 3.1　　　　　　　　　　分公司销售额表

	香港分公司	北京分公司
一季度销售额	435	543
二季度销售额	567	654
三季度销售额	675	789
四季度销售额	765	765
合　　计		

表格创建完成后，按以下步骤对表格操作。

（1）删除表格最后一行。将光标定位到最后一行上，再单击"布局"选项卡"行和列"组中的"删除"按钮，在弹出的下拉框中选择"删除行"即可。

（2）在最后一行之前插入一行。将光标定位到最后一行上，再单击"布局"选项卡"行和列"组中的"在上方插入"按钮即可。

（3）在第 3 列的左边插入一列。将光标定位到第三列上，再单击"布局"选项卡"行和列"组中的"在左侧插入"按钮即可。

（4）调整表中行或列的宽度，以列为例。将鼠标指针移到表格中的某一单元格，把鼠标指针停留到表格的列分界线上，使之变为"←‖→"，这样就可按下鼠标左键不放，左右拖动，使之达到适当位置。行的操作类似，请试着操作并观察结果。

（5）画表格中的斜线。将光标定位在表格首行的第一个单元格当中，单击功能区的"设计"选项卡，在"表格样式"组的"边框"按钮下拉框中选择"斜下框线"选项即可在单元格中出现一条斜线，输入内容后调整对齐方式即可。

（6）调整表格在页面中的位置，使之居中显示。将光标移动到表格的任一单元格中，单击"布局"选项卡中"表"组中的"属性"命令，打开"表格属性"对话框，在"对齐方式"中选择"居中"，单击"确定"按钮即可。

请同学们自己设计并绘制复杂的不规则表格，尝试绘制不同的表格，并练习表格工具"设计"选项卡中"绘图边框"组中相关命令选项。

2. 拆分表格

如果要将"D:\biao.docx"中的表格最后一行拆分为另一个表，先要选中表格的最后一行，单击"布局"选项卡"合并"组中的"拆分表格"按钮，可见选中行的内容脱离原表，成为一个新表。试操作，并观察结果。

3. 表格的修饰美化（以"D:\biao.docx"为例）

（1）修改单元格中文字的对齐方式

如果要将表格第 1 列文字设置为居中左对齐（不包括表头），先要选中表格第 1 列中除表头以外的所有单元格，单击功能区的"布局"选项卡，选择"对齐方式"组中的"中部两端对齐"按钮即可。请同学们自己将表格后两列文字设置为右对齐。

（2）修改表格边框

分析：在 Word 文档中，可为表格、段落的四周或任意一边添加边框，也可为文档页面四周或任意一边添加各种边框，包括图片边框，还可为图形对象（包括文本框、自选图形、图片或导入图形）添加边框或框线。在默认情况下，所有的表格边框都为 1／2 磅的黑色单实线。

如要修改表格中的所有边框，单击表格中任意位置，如要修改指定单元格的边框，则需选中这些单元格。之后切换到"设计"选项卡，单击"表格样式"组中的"边框"按钮下拉框中的"边框和底纹"项。在弹出的"边框和底纹"对话框中，选择所需的适当选项，并确认"应用于"下的范围选择为"表格"选项后，单击"确定"按钮，就修改了表格的边框。

（3）对表格第一列加底纹

选中表格的第 1 列并切换到"设计"选项卡，单击"表格样式"组中的"底纹"按钮，在弹出的下拉框中选择所需颜色即可。

（4）自动套用表格样式

分析：在已经设计了一个表格之后，可方便地套用 Word 中已有的样式，而不必像操作（2）、操作（3）那样修改表格的边框和底纹。

鼠标单击表格中的任一单元格后，将鼠标移至"设计"选项卡中"表格样式"组内，鼠标停留在哪个样式上，其效果就自动应用在表中，如果效果满意，单击鼠标就完成了自动套用格式，十分方便。

4．表格转换

将表格"D:\biao.docx"中的第二行～第四行转换成文字的步骤如下。

（1）选中表格的第二行～第四行，单击"布局"选项卡"数据"组中的"转换为文本"按钮，弹出"表格转换成文本"对话框。

（2）在对话框内选择文本的分隔符为"逗号"，单击"确定"按钮。

实现转换后，请注意观察结果。

用类似的操作可将转换出来的文本再恢复成表格形式。选中需要转换成表格的对象后，单击"插入"选项卡"表格"组中的"表格"按钮，在弹出的下拉框中单击"文本转换成表格"选项，在之后弹出的对话框里选择合适的选项即可完成操作。请同学们试一试。

5．表格中数据的计算与排序

在 Word 中，可以对表格中的数据进行计算与排序。计算较为简便的方法是在单元格中插入公式，排序要根据需要选择对话框中相应的选项，具体操作请参看配套教材，在此不再详述。请同学们按照教材中的例子操作，体会其中的要领。

一个实验做完了，请正常关闭系统，并认真总结实验过程和所取得的收获。

五、实验要求

任务一　制作课程表

【操作要求】

设计如表 3.2 所示的课程表。

表 3.2　　　　　　　　　　　　　　　　　课程表

	星期一	星期二	星期三	星期四	星期五
第一大节					
第二大节					
午休					
第三大节					
第四大节					

表格内的内容依照实际情况进行填充，然后进行如下设置。

表格套用"中等深浅网格 1—强调文字颜色 1"样式，表中文字设为小五号楷体字，对齐方式设为"水平居中"。表格四周边框线的宽度调整为 1.5 磅，其余表格线的宽度为默认值。

任务二　制作求职简历

【操作要求】

制作一个求职简历，如表 3.3 所示。

表 3.3 求职简历

基本信息：					个 人 相 片
姓　　名：		性　　别：			
民　　族：		出生年月：			
身　　高：		体　　重：			
户　　籍：		现所在地：			(贴照片处)
毕业学校：		学　　历：			
专业名称：		毕业年份：			
工作年限：		职　　称：			
求职意向：					
职位性质：					
职位类别：					
职位名称：					
工作地区：					
待遇要求：					
到职时间：					
技能专长：					
	语言能力：				
教育培训：					
教育经历：	时间	所在学校		学历	
工作经历：					
	所在公司：				
	时间范围：				
	公司性质：				
	所属行业：				
	担任职位：				
	工作描述：				
其他信息：					
	自我评价：				
	发展方向：				
	其他要求：				
联系方式：					
	电话：		地址：		

任务三　制作个人简历

【操作要求】

制作一个个人简历，如表 3.4 所示。

表 3.4   个人简历

个人概况：	姓名：张三		性别：男	出生年月：1987 年 11 月
	身体状况：健康		民族：汉	身高：176
	专业：机械设计与制造专业			
	学历：本科		政治面貌：党员	
	毕业院校：西北工业大学		通信地址：西北工业大学 333#信箱	
	联系电话：13623109999		邮编：360002	
个人品质：	诚实守信，乐于助人			
座右铭：	活到老，学到老			
受教育情况：	教育背景： 2005—2009 年　西北工业大学　机械设计与制造专业 主修课程： 工程制图、材料力学、理论力学、机械原理、机械设计、电路理论、模拟电子技术、数字电路、微机原理、机电传动控制、工程材料学、机械制造技术基础			
个人能力：	语言能力： ◆ 具有较强的语言表达能力 ◆ 有一定的英语读、写、听能力，获全国大学生英语四级证书 计算机水平： ◆ 具有良好的计算机应用能力，获全国计算机三级证书			
社会实践：	◆ 2005 年任校学生会主席 ◆ 曾参加西北工业大学社会实践"三下乡"活动 ◆ 在校办工厂实习两个月			
性格特点：	诚实，自信，有恒心，易于相处。有一定协调组织能力，适应能力强。有较强的责任心和吃苦耐劳精神			

实验三　图文混排

一、实验学时：2 学时

二、实验目的

- 熟练掌握分页符、分节符的插入与删除的方法
- 熟练掌握设置页眉和页脚的方法
- 熟练掌握分栏排版的设置方法
- 熟练掌握页面格式的设置方法
- 掌握插入脚注、尾注、批注的方法
- 熟练掌握图片、剪贴画插入、编辑及格式设置的方法
- 熟练掌握 SmartArt 图形插入、编辑及格式设置的方法

- 掌握绘制和设置自选图形的基本方法
- 熟练掌握插入和设置文本框、艺术字的方法
- 掌握文档打印的相关设置方法

三、相关知识

在 Word 2010 中，要想使文档具有很好的美观效果，仅仅通过编辑和排版是不够的，还需要对其进行页面设置，包括页眉和页脚、纸张大小和方向、页边距、页码，是否为文档添加封面以及是否将文档设置成稿纸的形式。此外有时还需要在文档中适当的位置放置一些图片以增加文档的美观程度。一篇图文并茂的文档显然比单纯文字的文档更具有吸引力。

设置完成之后，还可以根据需要选择是否将文档打印输出。

1. 版面设计

版面设计是文档格式化的一种不可缺少的工具，使用它可以对文档进行整体修饰。版面设计的效果要在页面视图方式下才能看见。

在对长文档进行版面设计时，可以根据需要，在文档中插入分页符或分节符。如果要为该文档不同的部分设置不同的版面格式（如不同的页眉和页脚、不同的页码设置等）时，就要通过插入分节符，将各部分内容分为不同的节，然后再设置各部分内容的版面格式。

2. 页眉和页脚

页眉和页脚是指位于正文每一页的页面顶部或底部一些描述性的文字。页眉和页脚的内容可以是书名、文档标题、日期、文件名、图片、页码等。顶部的叫页眉，底部的叫页脚。

通过插入脚注、尾注或者批注，为文档的某些文本内容添加注释以说明该文本的含义和来源。

3. 插入图形、艺术字等

在 Word 2010 文档中插入图片、自选图形、SmartArt 图形、艺术字等能够起到丰富版面、增强阅读效果的作用，还可以用功能区的相关工具对它们进行更改和编辑。

图片是由其他文件创建的图形，它包括位图、扫描的图片和照片以及剪贴画。可以通过图片工具"格式"选项卡中的命令按钮等对其进行编辑和更改。如果要使插入的图片的效果更加符合我们的需要，这就需要对图片进行编辑。对图片的编辑主要包括图片的缩放、剪裁、移动、更改亮度和对比度、添加艺术效果、应用图片样式等。Word 2010 的"剪辑库"包含大量的剪贴画，插入这些剪贴画能够增强 Word 文档的效果。

艺术字是指具有特殊艺术效果的装饰性文字，可以使用多种颜色和多种字体，还可以为其设置阴影、发光、三维旋转等，并能对显示艺术字的形状进行边框、填充、阴影、发光、三维效果等设置。

自选图形与艺术字类似，也可以对其更改边框、填充色、阴影、发光、三维旋转以及文字环绕等设置，还可以通过多个自选图形组合形成更复杂的形状。

文本框可以用来存放文本，是一种特殊的图形对象，可以在页面上进行位置和大小的调整，并能对其及其上文字设置边框、填充色、阴影、发光、三维旋转等。使用文本框可以很方便地将文档内容放置到页面的指定位置，不必受到段落格式、页面设置等因素的影响。

4. "SmartArt"工具

Word 2010 中的"SmartArt"工具增加了大量新模板，能够帮助用户制作出精美的文档图表对象。使用"SmartArt"工具，可以非常方便地在文档中插入用于演示流程、层次结构、循环或者关系的 SmartArt 图形。

在文档中插入 SmartArt 图形的操作步骤如下。

（1）将光标定位到文档中要显示图形的位置。

（2）单击功能区中"插入"选项卡里"插图"组中的"SmartArt"按钮，打开"选择 SmartArt 图形"对话框，如图 3.3 所示。

图 3.3　"选择 SmartArt 图形"对话框

（3）图中左侧列表中显示的是 Word 2010 提供的 SmartArt 图形分类列表，有列表、流程、循环、层次结构、关系等，单击某一种类别，会在对话框中间显示出该类别下的所有 SmartArt 图形的图例，单击某一图例，在右侧可以预览到该种 SmartArt 图形并在预览图的下方显示该图的文字介绍，在此选择"层次结构"分类下的组织结构图。

（4）单击"确定"按钮，即可在文档中插入如图 3.4 所示的显示文本窗格的组织结构图。

图 3.4　组织结构图

插入组织结构图后，可以通过两种方法在其中添加文字。一种是在图右侧显示"文本"的位置单击鼠标后直接输入；另一种是在图左侧的"在此处输入文字"的文本窗格中输入。输入文字的格式按照预先设计的格式显示，当然用户也可以根据自己的需要进行更改。

当文档中插入组织结构图后，在功能区会显示用于编辑 SmartArt 图形的"设计"和"格式"选项卡，如图 3.5 所示，通过 SmartArt 工具可以为 SmartArt 图形进行添加新形状、更改大小、布局以及形状样式等的调整。

图 3.5 SmartArt 工具

四、实验范例

1. 添加页眉和页脚及进行设置

请按以下步骤操作练习页眉和页脚的使用。

（1）创建一个新文档，存为"D:\ 页眉和页脚.docx"。

（2）单击"插入"选项卡"页眉和页脚"组中的"页眉"按钮，在弹出的下拉框中选择内置的页眉样式"空白（三栏）"，之后分别在页眉处的 3 个"键入文字"区域输入自己的班级、学号和姓名。

（3）插入页眉时，在功能区会出现用于编辑页眉和页脚的"设计"选项卡，单击其中"导航"组中的"转至页脚"按钮切换到页脚。

（4）单击"插入"组的"日期和时间"按钮，在之后弹出的"日期和时间"对话框中选择一种日期时间格式，并选中对话框右下角的"自动更新"复选框，单击"确定"按钮。

（5）完成设置后单击"关闭"组中的"关闭页眉和页脚"按钮关闭页眉和页脚工具。

在进行页眉和页脚设置的过程中，页眉和页脚的内容会突出显示，而正文中的内容则变为灰色不可编辑，关闭页眉和页脚工具后则返回到文档编辑状态，而页眉和页脚的内容则变为灰色。此外，还可以在页眉和页脚中显示页码并设置页码格式，显示作者名、文件名、文件大小以及文件标题等信息，还能设置首页不同或奇偶页不同的页眉和页脚，请同学们上机实际操作加以体会。

2. 样式

（1）样式的使用

分析：所谓"样式"，就是 Word 内置的或用户命名并保存的一组文档字符及段落格式的组合。可以将一个样式应用于任何数量的文字和段落，如需更改使用同一样式的文字或段落的格式，只需更改所使用的样式，而不管文档中有多少这样的文字或段落，都可一次完成。

请按以下步骤操作练习样式的使用。

① 新建一个名为"样式.docx"的文档，在新文档中输入文字"样式的使用"。

② 单击"开始"选项卡中"样式"组中样式列表框中的"标题 1"样式，"样式的使用"几个字的字体、字号、段落格式等将自动改变成"标题 1"的设置格式。

③ 保存该文件，请注意观察结果。

（2）样式的创建

以"样式"框中的"标题 2"为基准样式，创建一个新的样式，步骤如下。

① 将光标定位于"样式的使用"这句话的任意位置。

② 单击"开始"选项卡中"样式"组右下角的对话框启动器，打开"样式"窗格。

③ 单击"样式"窗格左下角的"新建样式"按钮，弹出"根据格式设置创建新样式"对话框。

④ 在"名称"栏内输入新建样式的名称"10 新建样式 1"，在"样式基准"栏内选择"标题 2"样式，并设置字体为黑体、小三号、居中，字体颜色为蓝色，行间距为 2 倍。

⑤ 单击"确定"按钮。

设置完成后，观察 Word 窗口，这时可见"10 新建样式 1"已经出现在"样式"组中的样式列表框中了，并且"样式的使用"这几个字也已经按照新样式发生了变化。

（3）样式的更改

将样式"10 新建样式 1"字体由小三号改为一号，由黑体改为宋体，再加上波浪线。实现步骤如下。

① 选中"样式"组中样式列表框中的"10 新建样式 1"样式，单击右键，选择"修改"选项，出现"修改样式"对话框。

② 按照要求对原来的样式进行修改。如果要设置的选项没有在对话框的"格式"区域中显示，可以通过对话框左下角的"格式"按钮下拉框中的选项来完成设置。

③ 单击"确定"按钮。

设置完成后，返回到 Word 窗口，观察"样式的使用"这几个字的改变。

3. 拼写和语法

在 Word 中不但可以对英文进行拼写与语法检查，还可以对中文进行拼写和语法检查，这个功能大大减少了文本输入的错误率，使单词和语法的准确性更高。

为了能够在输入文本时让 Word 自动进行拼写和语法检查，需要进行设置。单击"文件"按钮，在打开的"文件"面板中单击"选项"命令，弹出"Word 选项"对话框，单击左侧列表中的"校对"项，之后选中对话框右侧"在 Word 中更正拼写和语法时"区域中的"键入时检查拼写"和"随拼写检查语法"复选框，单击"确定"按钮。这样，Word 将自动检查拼写和语法。

当 Word 检查到有错误的单词或中文时，就会用红色波浪线标出拼写的错误，用绿色波浪线标出语法的错误。

> 由于有些单词或词组有其特殊性，如在文档中输入"photoshop"就会认为是错误的，但事实上并非错误，因此，Word 拼写和语法检查后的错误信息，并非绝对就是错误，对于一些特殊的单词或词组仍可视为正确。

另外，可用手动方式进行拼写和语法检查。单击"审阅"功能区中"校对"组中的"拼写和语法"按钮将打开"拼写和语法"对话框，在"不在词典中"列表框中将显示出查到的错误信息，在"建议"列表框中则显示 Word 建议替换的内容。此时若要用"建议"列表框中的内容替换错误信息，可以选中"建议"列表框中的一个替换选项后单击"更改"按钮。若要跳过此次的检查，则可单击"忽略一次"按钮。如果单击"添加到词典"按钮，则可将当前拼写检查后的错误信息加入到词典中，以后检查到这些内容时，Word 都将视为是正确的。

> 为了提高拼写检查的准确性，可以在"拼写和语法"对话框中的"词典语言"下拉列表框中选择用于拼写检查的字典。

请试着完成此过程，体会其中含义。

一个实验做完了，请正常关闭系统，并认真总结实验过程和所取得的收获。

五、实验要求

任务一　在 Word 2010 "实验一"里"任务二"的基础上继续完成本次任务

【原文】

被同伴驱逐的蝙蝠

很久以前，鸟类和走兽，因为发生一点争执，就爆发了战争。并且，双方僵持，各不相让。

有一次，双方交战，鸟类战胜了。蝙蝠突然出现在鸟类的堡垒。"各位，恭喜啊！能将那些粗暴的走兽打败，真是英雄啊！我有翅膀又能飞，所以是鸟的伙伴！请大家多多指教！"

这时，鸟类非常需要新伙伴的加入，以增强实力。所以很欢迎蝙蝠的加入。可是蝙蝠是个胆小鬼，等到战争开始，便不露面，躲在一旁观战。

后来，当走兽战胜鸟类时，走兽们高声地唱着胜利的歌。蝙蝠却又突然出现在走兽的营区。"各位恭喜！把鸟类打败！实在太棒了！我是老鼠的同类，也是走兽！敬请大家多多指教！"走兽们也很乐意地将蝙蝠纳入自己的同伴群中。

于是，每当走兽们胜利，蝙蝠就加入走兽。每当鸟类们打赢，却又成为鸟类们的伙伴。最后战争结束了，走兽和鸟类言归与好，双方都知道了蝙蝠的行为。当蝙蝠再度出现在鸟类的世界时，鸟类很不客气的对他说："你不是鸟类！"被鸟类赶出来的蝙蝠只好来到走兽的世界，走兽们则说："你不是走兽！"并赶走了蝙蝠。

最后，蝙蝠只能在黑夜，偷偷的飞着。

【操作要求】

（1）完成 Word 2010 "实验一"里"任务二"的操作要求。

（2）页面设置：B5 纸，各边距均为 1.8cm，不要装订线。

（3）为第一段文字添加艺术效果，设置浅蓝色轮廓、"外部、居中偏移"阴影，为最后一段文字加拼音。

（4）页眉处输入自己的姓名、班级、学号，居中显示。页脚插入页码，居中显示。

（5）将文档中最后 3 行的内容替换为：

● Wingdings 字体里的 ☺ ☽ ☎ ☝

● Wingdings2 字体里的 ☏ ☞ ◈ ✂

（6）最后插入日期，不带自动更新，并且右对齐。

（7）在 D 盘建立一个以自己名字命名的文件夹存放自己的 Word 文档作业，该作业以"自己的名字+2"命名。

任务二

【原文】

相信很多人都会误以为这张图片里面的飞机是一些小模型，而实际上，这是一张移轴镜摄影(Tilt-shift photography)照片，一种以追求现实与想象为表现形式的拍摄方法，它利用一种特殊的镜头使普通的事物在照片里影像产生这种独特的效果。致力于传达一种溶于真实世界中的虚幻意识，提供了一种介乎于真实世界和虚幻想象中的强烈视觉，让观者更多的觉得是在看一个模型而非真实世界

用移轴镜头拍摄的北京奥运现场

移轴镜头

移轴摄影镜头是一种能达到调整所摄影像透视关系或全区域聚焦目的的摄影镜头。

移轴摄影镜头最主要的特点是，可在相机机身和胶片平面位置保持不变的前提下，使整个摄影镜头的主光轴平移、倾斜或旋转，以达到调整所摄影像透视关系或全区域聚焦的目的。移轴摄影镜头的基准清晰像场大得多，这是为了确保在摄影镜头光主轴平移、倾斜或旋转后仍能获得清晰的影像。移轴摄影镜头又被称为"TS"镜头（"TS"是英文"Tilt&Shift"的缩写，即"倾斜和移位"）、"斜拍镜头"、"移位镜头"等。

【操作要求】

制作表格，并编辑排版，得出图 3.6 所示的效果。

图 3.6　样本

其中要求完成以下设置。

（1）标题是艺术字，样式为"渐变填充-蓝色，强调文字颜色 1"且居中显示，字体为黑体、36 号，环绕方式为"上下型环绕"；正文文字是小四号宋体字；每段的首行有两个汉字的缩进，第一段为多倍行距 1.25 倍，其余单倍行距。

（2）纸张设置为 A4，上下左右边界均为 2cm。

（3）为正文中的第一句话设置"渐变填充-橙色，强调文字颜色 6，内部阴影"型文本艺术效果。

（4）文档有特殊修饰效果，包括首字下沉设置红色，文字有着重号、突出显示、边框和底纹等设置，具体设置参考图 3.6 所示。

（5）插入任意两张图片，按图 3.6 所示来改变其大小和位置，并设置为紧密型环绕。第二张图片上插入文本框，文本框格式设为无填充颜色并加入文字，边框设为浅蓝色、1 磅。

（6）在页眉处填写本人的院系、专业、班级、姓名、学号，文字为小五号宋体，居中显示；在页脚处插入日期。

（7）表格名是艺术字，样式为"填充-红色，强调文字颜色 2，暖色粗糙棱台"且居中显示，字体为黑体、24 号，环绕方式为"上下型环绕"；表格中的文字是宋体、小五号，依照文字内容设置单元格对齐方式（如文字内容为"左上对齐"则单元格对齐方式设置为靠上左对齐）。表格四周边框线设为 2.25 磅、浅蓝色，其余表格线设为 1.5 磅、紫色。

（8）背景设为填充信纸纹理。

第4章

电子表格 Excel 2010

实验一　工作表的创建与格式编排

一、实验学时：2 学时

二、实验目的

- 掌握 Excel 2010 的基本操作
- 掌握 Excel 2010 各种类型数据的输入方法
- 掌握数据的修改及编辑工作表的方法与步骤
- 掌握数据格式化的方法与步骤
- 掌握工作簿的操作，包括插入、删除、移动、复制、重命名工作表等
- 掌握格式化工作表的方法

三、相关知识

在 Excel 2010 中的文字通常是指字符或者任何数字和字符的组合。输入到单元格内的任何字符集，只要不被系统解释为数字、公式、日期、时间、逻辑值，那么 Excel 2010 一律将其视为文字。而对于全部由数字组成的字符串，Excel 2010 提供了在他们之前添加"'"的方法来区分"数字字符串"和"数字型数据"。

当建立工作表时，所有的单元格都采用默认的通常数字格式。当数字的长度超过单元格的宽度时，Excel 2010 将自动使用科学计数法来表示输入的数字。

在输入表格的数据时，有时可能会输入许多相同的内容，如性别、年份等；有时还会输入一些等差序列或等比序列，如编号等；当然也可以输入自定义的序列。对于输入这些内容的操作，可以选用 Excel 2010 的"填充功能"来完成，使问题变得容易。

在制作工作表的过程中，还要对工作表进行格式化操作，这样有助于制作出更为醒目和美观的工作表。

1. Excel 2010 的基本功能与操作

（1）Excel 2010 的主要功能：表格制作、数据运算、数据管理、建立图表。

（2）Excel 2010 的启动和退出方法。

（3）Excel 2010 的窗口组成：快速访问工具栏、标题栏、选项卡、功能区、窗口操作按钮、工作簿窗口按钮、帮助按钮、名称框、编辑栏、编辑窗口、状态栏、滚动条、工作表标签、视图按钮以及显示比例等。

2. Excel 2010 的基本操作

（1）文件操作。

① 建立新工作簿：启动 Excel 2010 后，单击"文件"|"新建"命令，或者单击"快速访问工具栏"上的新建按钮 □。

② 打开已有工作簿：如果要对已存在的工作簿进行编辑，就必须先打开该工作簿。单击"文件"|"打开"命令，或者单击"快速访问工具栏"上的打开按钮 ☞，在出现的对话框中输入或选择要打开的文件，单击"打开"按钮。

③ 保存工作簿：当完成对一个工作簿文件的建立、编辑后，就可将文件保存起来，若该文件已保存过，可直接将工作簿保存起来。若为一新文件，将会弹出一个"另存为"对话框，以新文件名保存工作簿。

④ 关闭工作簿。

（2）选定单元格操作。

① 选定单个单元格。

② 选定连续或不连续的单元格区域。

③ 选定行或列。

④ 选定所有单元格。

（3）工作表的操作。

① 选定工作表：选定单个工作表、多个工作表、全部工作表、取消工作表。

② 工作表重命名。

③ 移动工作表。

④ 复制工作表。

⑤ 插入工作表。

⑥ 删除工作表。

（4）输入数据。

① 文本的输入。

② 数值的输入。

③ 日期和时间的输入。

④ 批注的输入。

⑤ 自动填充数据。

⑥ 自定义序列。

3. 编辑工作表

（1）编辑和清除单元格中的数据。

（2）移动和复制单元格。

（3）插入单元格以及行和列。

（4）删除单元格以及行和列。

（5）查找和替换操作。

（6）给单元格加批注。

（7）命名单元格。

（8）编辑工作表。

① 设定工作表的页数。

② 激活工作表。

③ 插入工作表。

④ 删除工作表。

⑤ 移动工作表。

⑥ 复制工作表。

⑦ 重命名工作表。

⑧ 拆分工作表与冻结。

4. 格式化工作表

（1）设置字符、数字、日期以及对齐格式。

（2）调整行高和列宽。

（3）设置边框、底纹和颜色。

5. 使用条件格式

条件格式基于条件更改单元格区域的外观，有助于突出显示所关注的单元格或单元格区域，强调异常值，使用数据条、颜色刻度和图标集来直观地显示数据。

（1）快速格式化。

（2）高级格式化。

6. 套用表格格式

Excel 2010 中，提供了一些已经制作好的表格格式，制定报表时，可以套用这些格式，制作出既漂亮又专业化的表格。

7. 使用单元格样式

要在一个步骤中应用几种格式，并确保各个单元格格式一致，可以使用单元格样式。单元格样式是一组已定义的格式特征，如字体和字号、数字格式、单元格边框和单元格底纹。

（1）应用单元格样式。

（2）创建自定义单元格样式。

四、实验范例

（1）启动 Excel 2010 窗口（启动 Excel 2010 有多种方法，请思考并实际操作一下看看）。

（2）认识 Excel 2010 的窗口构成，主要包括 Excel 2010 功能区、选项卡、组和对话框。

（3）熟悉 Excel 2010 各个选项卡的组成。

（4）Excel 文件的建立与单元格的编辑。建立"学生成绩表"，如表 4.1 所示。

建立学生成绩表的操作步骤如下。

（1）建立工作表

① 录入数据。双击工作表标签"Sheet1"，输入新名称"学生成绩表"覆盖原有名称，将表头、记录等数据输入到表中。选中 B1 至 E1 的单元格区域，将这几个单元格合并，同样的方法将 A1 至 A2、F1 至 F2 合并。合并后的表如图 4.1 所示。

表 4.1　　　　　　　　　　　　　　　　学生成绩表

姓　　名	课 程 名 称				平 均 成 绩
	高 等 数 学	英　　语	程序设计	汇 编 语 言	
王　涛	89	92	95	96	
李　阳	78	89	84	88	
杨利伟	67	74	83	79	
孙书方	86	87	95	89	
郑鹏腾	53	76	69	76	
徐巍	69	86	59	77	

图 4.1　录入数据

② 输入标题，设置工作表格式。在表的最上方插入一行，A1 至 F1 的单元格合并居中，然后输入标题，设置标题字体为"楷体"、"蓝色"、"22"。调整该行为与字体合适的高度。

③ 在表的最右方加一新列："总成绩"。

将表格其余部分调整为如图 4.2 所示的样式。

图 4.2　格式调整

（2）格式化表格

给表格加上合适的框线、底纹，如图4.3所示。

图4.3　格式化后的表格

（3）使用条件格式

对表格中不及格的成绩进行突出显示，如图4.4所示。

图4.4　使用条件格式后的表格

（4）套用表格格式

利用Excel 2010中提供的套用表格格式，选择一合适的并且自己喜欢的格式对表格进行美化，如图4.5所示。

图4.5　套用表格格式

一个实验做完了，请正常关闭系统，并认真总结实验过程和所取得的收获。

五、实验要求

任务一　制作图 4.6 所示表格并进行格式化。

【操作要求】

（1）标题：合并且居中，楷体，字大小为 22，蓝色，加粗。

（2）表头及第一列：宋体，11 号字，居中，加粗。

（3）所有的数据都设置成居中显示方式。

（4）不及格分数用粉红字突出显示。

（5）内框线用细线描绘，外框线用粗框线勾出（注意使用多种方法，既可以用"开始"选项卡里"字体"组中的"框线"下拉框进行设置，也可以用"笔"选好线型直接画出，请实际操作，体会其中的方法）。

（6）用套用格式进行格式的套用，本例用的是套用格式中浅色第三行中第五个。

最后效果如图 4.6 所示。

图 4.6　任务一表格效果图

任务二　制作如图 4.7 所示的表格

【操作要求】

（1）标题：合并且居中，宋体，14 号字，加粗。

（2）表头：宋体，11 号字，居中，加粗。

（3）所有的数据对齐方式参照图 4.7 中所示进行设置。

（4）各列数据用合适的填充方式进行数据填充。

（5）内框线用细线描绘，外框线用粗框线勾出。

（6）所有含"计算机"的单元格设置成"浅红填充色深红色文本"。

图 4.7　任务二表格效果图

实验二　公式与函数的应用

一、实验学时：2 学时

二、实验目的

- 掌握单元格相对地址与绝对地址的应用
- 掌握公式的使用
- 掌握常用函数的使用
- 掌握"粘贴函数"对话框的操作方法

三、相关知识

在 Excel 2010 中，也会经常用到函数和公式。公式与函数都是以"="作为起始的。

1．单元格引用类型

在公式中可以引用本工作簿或其他工作簿中任何单元格区域的数据。公式中输入的是单元格区域地址，引用后，公式的运算值随着被引用单元格的值的变化而变化。

单元格地址根据被复制到其单元格时是否改变，可分为相对引用、绝对引用和混合引用 3 种类型。

（1）同一工作簿同一工作表的单元格引用。

（2）同一工作簿不同工作表的单元格引用。

（3）不同工作簿的单元格引用。

2．公式

（1）输入公式：单击要输入公式的单元格，在单元格中首先必须输入一个等号，然后输入所要的公式，最后按 Enter 键。Excel 2010 会自动计算公式表达式的结果，并将其显示在相应的单元格中。

（2）公式的引用：引用分为相对引用、绝对引用和混合引用，另需掌握同一工作簿中不同工作表的单元格引用以及不同工作簿的单元格引用。

3. 函数

函数实际上是一些预先定义好的特殊公式,运用一些称为参数的特定的顺序或结构进行计算,然后返回一个值。

（1）函数的分类：Excel 2010 提供了财务函数、统计函数、日期与时间函数、查找与引用函数、数学和三角函数等共 10 类函数。一个函数包含等号、函数名称、函数参数 3 部分。函数的一般格式为"=函数名（参数）"。

（2）函数的输入：函数的输入有两种方法,一种是在单元格中直接输入函数,另一种是使用"插入函数"对话框插入函数。

（3）常用函数的使用：常用函数包括 SUM 函数、AVERAGE 函数、MAX 函数、MIN 函数、COUNT 函数、COUNTIF 函数、IF 函数、RANK 函数等。

四、实验范例

制作如图 4.8 所示表格。

姓名	课程名称				平均成绩	总成绩	名次
	高等数学	英语	程序设计	汇编语言			
王涛	89	92	95	96	93	372	1
李阳	78	89	84	68	79.75	319	3
杨利伟	67	74	53	79	68.25	273	5
孙书方	86	87	95	89	89.25	357	2
郑鹏腾	53	76	62	54	61.25	245	6
徐巍	69	86	59	77	72.75	291	4
最高分	89	92	95	96			
最低分	53	74	53	54			
不及格人数	1	0	2	1			
不及格比例	16.67%	0.00%	33.33%	16.67%			

图 4.8　实验范例表格

操作步骤如下。

（1）制作标题：A1 单元格中输入"学生成绩表",将其设置成楷体,加粗,18 号,然后将 A1 至 H1 单元格合并并居中。

（2）基本内容的输入：输入 A2：A13 列、B2：E9 矩形框、F2：H2 各个单元格的内容,如图 4.8 所示。注意：其中部分单元格需要合并。

（3）函数的应用。利用函数求得各单元格中所需数据,具体如下所示。

　　F4：= AVERAGE(B4:E4),利用拖动柄拖动,得出 F5:F9 的数据。

　　G4：=SUM(B4:E4),利用拖动柄拖动,得出 G5:G9 的数据。

　　H4：=RANK(G4,$G$4:$G$9),利用拖动柄拖动,得出 H5:H9 的数据。

　　B10：=MAX(B4:B9),利用拖动柄拖动,得出 C10:E10 的数据。

　　B11：=MIN(B4:B9),利用拖动柄拖动,得出 C11:E11 的数据。

　　B12：=COUNTIF(B4:B9,"<60"),利用拖动柄拖动,得出 C12:E12 的数据。

　　B13：=B12/COUNT(B4:B9),利用拖动柄拖动,得出 C13:E13 的数据,并设置比例为百分比形式,且只有两位小数。

（4）给表格加上相应的边框，不及格的成绩突出显示。

一个实验做完了，请正常关闭系统，并认真总结实验过程和所取得的收获。

五、实验要求

任务一

【操作要求】

制作与实验范例一样的表格，要求平均成绩、总成绩、名次、最高分、最低分、不及格人数及不及格比例都要用函数完成计算，熟练掌握 SUM 函数、AVERAGE 函数、MAX 函数、MIN 函数、COUNT 函数、COUNTIF 函数、IF 函数以及 RANK 函数的应用。

任务二

要求掌握同一工作簿不同工作表的单元格引用的方法。

【操作要求】

（1）利用上节任务二中的学籍卡表格，如图 4.9 所示。

图 4.9　学籍卡表

（2）在"学生成绩表"插入一新列"学号"，并合并"学号"单元格，如图 4.10 所示。

（3）选定工作表"学生成绩表"中用于记录学生学号的单元格 A4，插入"="号，然后分别单击"学籍卡"及其中的 A2 单元格，可以看到在地址栏中显示出"=学籍卡!A2"，然后按 Enter键即可完成不同工作表中单元格的引用操作，然后用拖动柄将 A5 至 A9 自动填充即可。

（4）合理地调整表格外框线的位置，结果如图 4.10 所示。

学号	姓名	课程 名 称				平均成绩	总成绩	名次
		高等数学	英语	程序设计	汇编语言			
20120104001	王涛	89	92	95	96	93	372	1
20120104002	李阳	78	89	84	68	79.75	319	3
20120104003	杨利伟	67	74	53	79	68.25	273	5
20120104004	孙书方	86	87	95	89	89.25	357	2
20120104005	郑鹏腾	53	76	62	54	61.25	245	6
20120104006	徐巍	69	86	59	77	72.75	291	4
最高分		89	92	95	96			
最低分		53	74	53	54			
不及格人数		1	0	2	1			
不及格比例		16.67%	0.00%	33.33%	16.67%			

图 4.10　引用学籍卡

实验三　数据分析与图表创建

一、实验学时：2 学时

二、实验目的

- 掌握快速排序、复杂排序及自定义排序的方法
- 掌握自动筛选、自定义筛选和高级筛选的方法
- 掌握分类汇总的方法
- 掌握合并计算的方法
- 掌握各种图表，如柱形图、折线图、饼图等的创建方法
- 掌握图表的编辑及格式化的操作方法
- 掌握快速突显数据的迷你图的处理方法
- 掌握 Excel 文档的页面设置的方法与步骤
- 掌握 Excel 文档的打印设置及打印方法

三、相关知识

在 Excel 2010 中，数据清单其实是对数据库表的约定称呼，它与数据库一样，同样是一张二维表，它在工作表中是一片连续且无空行和空列的数据区域。

Excel 2010 支持对数据清单（或数据库表）进行编辑、排序、筛选、分类汇总、合并计算和创建数据透视表等各项数据管理操作。

1. 数据管理

Excel 2010 不但具有数据计算的能力，而且提供了强大的数据管理功能。可以运用数据的排序、筛选、分类汇总、合并计算和数据透视表等各项处理操作功能，实现对复杂数据的分析与处理。

（1）数据排序

- 快速排序：按行对单列进行升序排序或降序排序。

- 复杂排序：通过设置"排序"对话框中的多个排序条件对数据表中的数据内容进行排序。首先按照主关键字排序，对于主关键字相同的记录，则按次要关键字排序，若记录的主关键字和次要关键字都相同时，才按第三关键字排序。排序时，如果要排除第一行的标题行，则选中"数据包含标题"复选按钮，如果数据表没有标题行，则不选"数据包含标题"复选按钮。

- 自定义排序：根据自己的特殊需要进行自定义的排序方式

（2）数据筛选

数据筛选的主要功能是将符合要求的数据集中显示在工作表上，不符合要求的数据暂时隐藏，从而从数据库中检索出有用的数据信息。Excel 2010 中常用的筛选方式有如下几种。

- 自动筛选：进行简单条件的筛选

- 自定义筛选：提供多条件定义的筛选，在筛选数据表时更加灵活，筛选出符合条件的数据内容。

● 高级筛选：以用户设定的条件对数据表中的数据进行筛选，可以筛选出同时满足两个或两个以上条件的数据。

● 撤消筛选：单击"数据"选项卡下"排序和筛选"组中的"筛选"按钮。

（3）分类汇总

在对数据进行排序后，可根据需要进行简单分类汇总和多级分类汇总。

2. 图表创建与编辑

（1）图表创建

为使表格中的数据关系更加直观，可以将数据以图表的形式表示出来。通过创建图表可以更加清楚地了解各个数据之间的关系和数据之间的变化情况，方便对数据进行对比和分析。根据数据特征和观察角度的不同，Excel 2010 提供了包括柱形图、折线图、饼图、条形图、面积图、*XY* 散点图、股价图、曲面图、圆环图、气泡图和雷达图总共 11 类图表供用户选用，每一类图表又有若干个子类型。

在 Excel 2010 中，无论建立哪一种图表，都只需选择图表类型、图表布局和图表样式，便可以很轻松地创建具有专业外观的图表。

（2）图表编辑

① 设置图表"设计"选项。

● 图表的数据编辑。

● 数据行/列之间快速切换。

● 选择放置图表的位置。

● 图表类型与样式的快速改换。

② 设置图表"布局"选项。

● 设置图表标题。

● 设置坐标轴标题。

● 在图表工具"布局"选项卡下的"标签"组中设置图表中添加、删除或放置图表图例、数据标签、数据表。

● 单击图表工具"布局"选项卡下的"插入"组中的下拉按钮，在展开的列表中可以对图表进行插入图片、形状和文本框的相关设置。

● 设置图表的背景、分析图和属性。

③ 设置图表元素"格式"选项。

（3）快速突显数据的迷你图

Excel 2010 提供了全新的"迷你图"功能，利用它，仅在一个单元格中便可绘制出简洁、漂亮的小图表，并且数据中潜在的价值信息也可以醒目地呈现在屏幕之上。

3. 打印工作表

完成对工作表的数据输入、编辑和格式化工作后，就可以打印工作表了。在 Excel 2010 中，表格的打印设置与 Word 文档中的打印设置有很多相同的地方，但也有不同的地方，如打印区域的设置、页眉和页脚的设置、打印标题的设置及打印网格线和行号、列号等。

如果只想打印数据库某部分数据，可以先选定要打印输出的单元格区域，再将其设置为"打印区域"，执行打印命令后，就可以实现只打印被选定的内容了。

如果想在每一页重复地打印出表头，只需在"打印标题"区的"顶端标题行"编辑栏输入或用鼠标选定要重复打印输出的行即可。

打印输出之前需要先进行页面设置，再进行打印预览，当对编辑的效果感到满意时，就可以正式打印工作表了。

四、实验范例

编辑如图 4.11 所示的职员信息表，从中筛选出年龄在 20～30 岁之间的回族研究生以及藏族的副编审和所有文化程度为大学本科的人员的信息。

操作步骤如下。

（1）新建一个 Excel 文件，输入如图 4.11 所示的电子表格数据。

（2）在表格的上方连续插入 4 个空行，在 A1:E4 区域中输入高级筛选条件，如图 4.12 所示。

图 4.11　职员信息表

图 4.12　输入高级筛选条件样图

（3）首先筛选"年龄在 20～30 岁的回族研究生"，选定 B5 至 I21 数据区域，单击"编辑"选项卡"排序和筛选"组中的"筛选"按钮，在各列的右边出现一个小三角，单击"年龄"右侧的

三角，在出现的下拉列表选择 "数字筛选" | "自定义筛选"，在弹出的 "自定义自动筛选方式" 对话框中选择 "大于或等于" |20 及 "小于或等于" |30，如图 4.13 所示，单击 "确定" 按钮即可，结果如图 4.14 所示。

图 4.13　自定义自动筛选对话框

图 4.14　"年龄在 20～30 岁之间" 自定义筛选结果

同理，分别单击 "民族" 与 "文化程度"，进行相应的选择确认即可，筛选后的效果如图 4.15 所示。

图 4.15　"年龄在 20～30 岁之间的回族研究生" 筛选结果

（4）取消刚才的筛选，再次用同样的方法筛选 "藏族的副编审"，可发现无人符合该条件；筛选 "所有文化程度为大学本科" 的人员的信息，结果如图 4.16 所示。

图 4.16　"所有文化程度为大学本科" 的筛选结果

（5）仔细观察结果，体会其筛选功能。

一个实验做完了，请正常关闭系统，并认真总结实验过程和所取得的收获。

五、实验要求

从不同角度分析、比较图表数据，根据不同的管理目标选择不同的图表类型进行分析。

操作步骤如下。

（1）启动 Excel，编辑如图 4.17 所示的表格数据，将该表命名为"产品销量情况表"。其中"合计"列要求用函数求出。

	A产品	B产品	C产品	D产品	E产品	合计
一月	234	530	770	960	2175	4669
二月	228	477	765	1369	1733	4572
三月	200	344	793	2043	2384	5764
四月	103	441	845	2380	2657	6426
五月	358	370	852	2265	2164	6009
六月	352	449	871	2550	1875	6097
七月	395	411	726	2798	1297	5627
八月	543	376	913	2587	2150	6569
九月	587	430	902	2776	1287	5982
十月	779	397	913	2993	1987	7069
十一月	638	408	965	2672	1356	6039
十二月	698	378	985	2458	1873	6392
合计	5115	5011	10300	27851	22938	71215

图 4.17　某企业在一年内各个月各种产品的销量表

（2）利用"图表向导"制作图表，进行分析。

现在根据下述要求变换图表类型进行数据分析。

① 分析比较一年来各个月份各种产品的销量。选中表格中除"合计"行和列的所有数据，即选定区域 A3:F15。单击"插入"选项卡"图表"组中相应的图表类型即可完成图表的插入，例如，依次单击"插入"选项卡、"图表"组、"柱形图"按钮，选取"二维柱形图"中的"簇状柱形图"，结果如图 4.18 所示。或者单击工具栏中的"图表向导"命令按钮，根据向导提示，按默认设置完成图表制作。根据图表即可对各个月份产品销售情况进行分析比较。

图 4.18　各个月份各种产品销量柱形图

② 分析比较一年来各种产品各月的销量。选中图 4.18 所示的图表，再依次单击"设计"选项卡"数据"组中"切换行/列"按钮，即可得出各种产品在各个月份的销量情况，结果如图 4.19 所示。根据图表即可对各种产品各月的销售情况进行分析比较。

图 4.19　各种产品各月销量柱形图

（3）对数据进行筛选显示。例如只显示 12 个月中销量超过 6000 件的月份；或者在 12 个月中总销量超过 20000 件的产品。请试着实际操作，观察结果。

（4）保存文件。

第 5 章
演示文稿 PowerPoint 2010

实验一 演示文稿的创建与修饰

一、实验学时：2 学时

二、实验目的

- 学会创建新的演示文稿
- 学会修改演示文稿中的文字及在演示文稿中插入图片
- 学会将模板应用在演示文稿上
- 学会在演示文稿上自定义动画
- 了解如何在演示文稿上插入声音
- 学会使用超链接
- 学会对演示文稿的放映进行设置

三、相关知识

PowerPoint 是一款专门用来制作演示文稿的应用软件，也是 Microsoft Office 系列软件中的重要组成部分。使用 PowerPoint 可以制作出集文字、图形、图像、声音以及视频等多媒体元素为一体的演示文稿，让信息以更轻松、更高效的方式表达出来。Microsoft 公司最新推出的 PowerPoint 2010 办公软件除了拥有全新的界面外，还添加了许多新功能，使软件应用更加方便快捷。

PowerPoint 2010 在继承了旧版本优秀特点的同时，明显调整了工作环境及工具按钮，从而更加直观和便捷。此外，PowerPoint 2010 还新增了一些功能和特性，如：

- 面向结果的功能区；
- 取消任务窗格功能；
- 增强的图表功能；
- 专业的 Smart Art 图形；
- 方便的共享模式。

对于初学者来说要注意以下 3 方面。

1. 注意条理性

使用 PowerPoint 制作演示文稿的目的，是将要叙述的问题以提纲挈领的方式表达出来，让观众一目了然。如果仅是将一篇文章分成若干片段，平铺直叙地表现出来，则显得乏味，难以提起观众的兴趣。一个好的演示文稿应紧紧围绕所要表达的中心思想，划分不同的层次段落，编制文档的目录结构。同时，为了加深印象和理解，这个目录结构应在演示文稿中"不厌其烦"地出现，即在 PowerPoint 文档的开始要全面阐述，以告知本文要讲解的几个要点；在每个不同的内容段之间也要出现，并对下文即将要叙述的段落标题给予显著标志，以告知观众现在要转移话题了。

2. 自然胜过花哨

在设计演示文稿时，很多人为了使之精彩纷呈，常常煞费苦心地在演示文稿上大作文章，例如添加艺术字体、变换颜色、穿插五花八门的动画效果等。这样的演示看似精彩，其实往往弄巧成拙，因为样式过多会分散观众的注意力，不好把握内容重点，难以达到预期的演示效果。好的 PowerPoint 要保持淳朴自然，简洁一致，最为重要的是文章的主题要与演示的目的协调配合。如果演讲内容是随着演讲者演讲的进度出现的，穿插动画可以起到从局部到全面的效果，提高观众的兴趣，否则显得零乱。

3. 使用技巧实现特殊效果

为了阐明一个问题经常采用一些图示以及特殊动画效果，但是在 PowerPoint 的动画中有时也难以满足需求。比如采用闪烁效果说明一段文字时，在演示中是一闪而过，观众根本无法看清，为了达到闪烁不停的效果，还需要借助一定的技巧，组合使用动画效果才能实现。还有一种情况，如果需要在 PowerPoint 中引用其他的文档资料、图片、表格或从某点展开演讲，可以使用超级链接。但在使用时一定要注意"有去有回"，设置好返回链接，必要时可以使用自定义放映，否则在演示中可能会出现到了引用处，却回不了原引用点的尴尬。

四、实验范例

1. 创建演示文稿

新建演示文稿的方式有多种：用内容提示向导建立演示文稿，系统提供了包含不同主题、建议内容及其相应版式的演示文稿示范，供用户选择；用模板建立演示文稿，可以采用系统提供的不同风格的设计模板，将它套用到当前演示文稿中；用空白演示文稿的方式创建演示文稿，用户可以不拘泥于向导的束缚及模板的限制，发挥自己的创造力制作出独具风格的演示文稿。

（1）新建演示文稿

启动 PowerPoint 2010 后，系统会自动新建一个空白演示文稿，用户可以直接利用此空白演示文稿工作。

用户也可以自行新建，具体操作步骤如下。

单击窗口左上角的"文件"按钮，在弹出的命令项中选择"新建"，系统会显示"新建演示文稿"对话框，如图 5.1 所示。在该对话框中用户可以按照"可用的模板和主题"或者"Office.com"的内容来创建空白演示文稿。

图 5.1 "新建演示文稿"对话框

① "可用的模板和主题"。

a. 空白演示文稿。

系统默认的是"空白演示文稿"。这是一个不包含任何内容的空白演示文稿。推荐初学者使用这种方法。

b. 样本模板。

选择该项，在对话框中间的列表框中即可显示系统已经做好的模板样式。例如，都市相册、古典型相册、现代型相册、宣传手册、宽屏演示文稿、项目状态报告等。

c. 主题。

单击该项，在对话框中间的列表框中即可显示系统自带的要创建的主题模板。例如，暗香扑鼻、跋涉、沉稳、穿越、顶峰等。

d. 我的模板。

单击该项，用户可以通过对话框选择一个自己已经编辑好的模板文件。

e. 根据现有内容新建。

单击该项，用户可以通过对话框选择一个已经做好的演示文稿文件作参考。

② "Office.com"。

在该项中，包括表单表格、日历、贺卡、幻灯片背景、学术、日程表等。单击任意一项，然后从对话框列表中选择一项，将其下载并安装到用户的系统中，当下次再使用时，就可以直接单击"创建"按钮了。

（2）保存和关闭演示文稿

① 通过"文件"按钮。

单击窗口左上角的"文件"按钮，在弹出的界面中选择"保存"命令，类似 Word、Excel，如果演示文稿是第一次保存，则系统会显示"另存为"对话框，由用户选择保存文件的位置和名称。需要注意，PowerPoint 2010 生成的文档文件的默认扩展名是".pptx"。这是一个非向下兼容的文件类型，如果希望将演示文稿保存为使用早期的 PowerPoint 版本可以打开的文件，可以通过"文件"按钮，选择其中的"另存为"命令，在"保存类型"下拉列表中选择其中的"PowerPoint 97-2003 演示文稿"选项。

② 通过"快速访问工具栏"。

直接单击"快速访问工具栏"中的保存按钮 🖫。

③ 通过键盘。

按<Ctrl> + <S>组合键。

2. 编辑演示文稿

（1）新建演示文稿

在演示文稿中新建演示文稿的方法很多，主要有以下几种。

① 在大纲视图的结尾按回车键。

② 单击"开始"|"新建幻灯片"命令。

用第一种方法，会立即在演示文稿的结尾出现一张新的幻灯片，该幻灯片直接套用前面那张幻灯片的版式；用第二种方法，会在屏幕上出现一个"office 主题"下拉菜单，可以非常直观地选择所需版式。

（2）编辑、修改演示文稿

选择要编辑、修改的演示文稿，选择其中的文本、图表、剪贴画等对象，具体的编辑方法和Word 类似。

（3）插入和删除演示文稿

① 添加新幻灯片。

既可以在演示文稿浏览视图中进行，也可以在普通视图的大纲窗格中进行，其效果是一样的。

a. 选择需要在其后插入新幻灯片的演示文稿。

b. 直接回车可直接添加一张与上一张幻灯片同版式的幻灯片；单击"开始"|"新建幻灯片"按钮，在出现的"office 主题"中选择一个合适的幻灯片版式直接单击即可完成插入。

② 删除演示文稿。

a. 在演示文稿浏览视图中或大纲视图中选择要删除的演示文稿。

b. 单击"开始"|"剪切"命令，或按<Delete>键。

c. 若要删除多张演示文稿，可切换到演示文稿浏览视图，按下<Ctrl>键并单击要删除的各演示文稿，然后按<Delete>键即可完成所选幻灯片的删除操作。

（4）调整演示文稿位置

可以在除"演示文稿放映"视图以外的任何视图进行。

① 用鼠标选中要移动的演示文稿。

② 按住鼠标左键，拖动鼠标。

③ 将鼠标拖动到合适的位置后松手，在拖动的过程中，普通视图下有一条横线指示演示文稿的位置，在浏览视图中有一条竖线指示幻灯片的移动目标位置。

此外还可以用"剪切"和"粘贴"命令来移动演示文稿。

（5）为演示文稿编号

演示文稿创建完后，可以为全部演示文稿添加编号，其操作方法如下。

① 单击"插入"|"幻灯片编号"按钮，出现如图 5.2 所示对话框，进行相应的设置即可。

② 在这个对话框中，还可以为演示文稿添加备注信息。单击"备注和讲义"选项卡，为备注和讲义添加信息，如日期和时间等。

③ 根据需要，单击"全部应用"或"应用"按钮。

图 5.2　"页眉和页脚"对话框

（6）隐藏演示文稿

用户可以把暂时不需要放映的演示文稿隐藏起来。

① 单击"视图"选项卡中的"演示文稿视图"组里的"幻灯片浏览"，单击要隐藏的演示文稿，单击右键进行相应的"隐藏幻灯片"设置，该演示文稿右下角的编号上出现一条斜杠，表示该演示文稿已被隐藏起来。

若想取消隐藏演示文稿，则选中该演示文稿，再单击一次"隐藏演示文稿"按钮。

3. 在演示文稿中插入各种对象

（1）插入图片和艺术字对象

① 在普通视图中，选择要插入图片或艺术字的演示文稿。

② 根据需要，选择菜单栏中的"插入"|"图像"组中合适的选项，如"图片"，找到自己想要的图片插入即可，如图 5.3 所示。

图 5.3　"插入图片"对话框

插入的对象处理以及工具使用情况和 Word 相似。

（2）插入表格和图表

① 在普通视图中，选择要插入表格或图表的演示文稿。

② 根据需要，选择菜单栏的"插入"|"表格"或"图表"命令。

③ 如果插入的是表格，在对话框的"行"和"列"框中分别输入所需的表格行数和列数，对表格的编辑与 Word 中相似。

④ 如果插入的是图表，则显示"插入图表"选项卡，如图 5.4 所示，同时启动 Microsoft Graph，在演示文稿上将显示一个图表和相关的数据，根据需要，修改表中的标题和数据，对图表的具体操作和 Excel 中图表的操作相似。

图 5.4　"插入图表"选项卡

（3）插入层次结构图

① 在普通视图中，选择要插入层次结构图的演示文稿。

② 选择菜单栏的"插入"|"插图"|"Smart Art"命令。

③ 使用层次结构图的工具和菜单来设计图表，如图 5.5 所示。

图 5.5　插入层次组织结构图

对于已插入对象的删除，可选中要删除的对象，然后按<Delete>键。

4. 放映演示文稿

（1）选择要观看的演示文稿。

（2）选择"幻灯片放映"菜单中的"开始放映幻灯片"组内合适的选项即可开始放映。

（3）按鼠标左键连续放映演示文稿。

（4）按<Esc>键退出放映。

5. PowerPoint 效果设置

根据前面的实验内容，准备 5 张演示文稿，内容自定，然后做以下的操作。

背景也是演示文稿外观设计中的一个部分，它包括阴影、模式、纹理、图片等。如果创建的是一个空白演示文稿，可以先为演示文稿设置一个合适的背景；如果是根据模板创建的演示文稿，当其和新建主题不合适时，也可以改变背景。设置演示文稿背景的方法如下。

（1）新建一篇空白演示文稿，选择"设计"选项卡，在"背景"栏中单击"背景样式"按钮，弹出如图 5.6 所示的下拉框。

（2）可以直接选中下拉框中给出的背景样式，也可以选择"设置背景格式"选项，弹出如图 5.7 所示的对话框。

图 5.6 "背景样式"下拉框

图 5.7 "设置背景格式"对话框

（3）在对话框中，有 4 种填充形式：纯色填充、渐变填充、图片或纹理填充和图案填充。选择一种需要的填充形式，如选择"图片或纹理填充"选项。

（4）选择了"图片或纹理填充"选项后，在"插入自"栏下方单击"剪贴画"按钮，弹出"选择图片"对话框，在该框中选择合适的剪贴画，单击"确定"按钮即可。

（5）在演示文稿编辑区就会看到效果，如果不太满意，可以选择"设置背景格式"对话框中的"图片颜色"按钮，选择"重新着色"按钮下的"预设"右边三角按钮，在弹出的下拉框中选择合适的一项即可，如图 5.8 所示。

图 5.8　"重新着色"下拉框

　　如果要将设置的背景应用于同一演示文稿中的所有演示文稿中，可以在背景设置完成后，单击"设置背景格式"对话框中的"全部应用"按钮。

　　如果要对同一演示文稿中的不同演示文稿设计不同的背景，只用选中该演示文稿，进行上述操作，不要单击"全部应用"按钮，直接"关闭"对话框即表示只对选中幻灯片进行该背景的应用。图 5.9 所示即是对不同幻灯片应用不同的背景。

图 5.9　演示文稿不同背景的设计

五、实验要求

（1）设计一个介绍中国传统节日（任意选择一个）的演示文稿。

要求：制作成演示文稿，并满足以下要求。

① 演示文稿不能少于 5 张。

② 第一张演示文稿是"标题演示文稿"，其中副标题中的内容必须是本人的信息，包括"姓名、专业、年级、班级、学号、考号"。

③ 其他演示文稿中要包含与题目要求相关的文字、图片或艺术字。

④ 除"标题演示文稿"之外，每张演示文稿上都要显示页码。

⑤ 选择至少两种"应用设计模板"或者"背景"对文件进行设置。

（2）设计一个和"神九"相关的演示文稿。

要求：制作成演示文稿，并满足以下要求。

① 演示文稿不能少于 10 张。

② 第一张演示文稿是"标题演示文稿"，其中副标题中的内容必须是本人的信息，包括"姓名、专业、年级、班级、学号、考号"。

③ 其他演示文稿中要包含与题目要求相关的文字、图片或艺术字。

④ 除"标题演示文稿"之外，每张演示文稿上都要显示页码。

⑤ 选择一种"应用设计模板"或者"背景"对文件进行设置。

实验二　动画效果设置

一、实验学时：2 学时

二、实验目的

- 掌握如何在演示文稿上自定义动画。
- 了解如何在演示文稿上插入声音和视频。

三、相关知识

在 PowerPoint 2010 中，用户可以通过"动画"选项卡中"动画"选项组中的命令为幻灯片上的文本、形状、声音和其他对象设置动画，这样就可以突出重点，控制信息的流程，并提高演示文稿的趣味性。

1．快速预设动画效果

首先将演示文稿切换到普通视图方式，单击需要增加动画效果的对象，将其选中，然后单击"动画"菜单，可以根据自己的爱好，选择"动画"组中合适的效果项。如果想观察所设置的各种动画效果，可以单击"动画"菜单上的"预览"项，演示动画效果。

2．自定义动画功能

在幻灯片中，选中要添加自定义动画的项目或对象，例如，以图 5.9 中第一张幻灯片左边的图形为例。单击"动画"选项组中"添加动画"命令按钮，系统会下拉出"添加动画"任务，单击"进入"类别中的"旋转"选项，结束自定义动画的初步设置，如图5.10所示。

图5.10　添加自定义动画

为幻灯片项目或对象添加了动画效果以后，该项目或对象的旁边会出现一个带有数字的彩色矩形标志，此时用户还可以对刚刚设置的动画进行修改。例如，修改触发方式、持续时间等项。

当为同一张幻灯片中的多个对象设定了动画效果以后，它们之间的顺序还可以通过"对动画重新排序"中的"向前移动"或"向后移动"命令进行调整。

3. 插入声音和视频

首先将自己想用做背景音乐的音频文件下载至计算机，然后用鼠标单击"插入"菜单里"媒体"组中的"音频"，选择"文件中的音频"，找到自己下载好的音频文件选中并单击"插入"按钮，即可将自己喜欢的音频文件做为背景音插入到幻灯片的放映中了。

插入影片文件的操作与插入音频基本一致，在"插入"选项卡的"媒体"选项组中单击"视频"命令按钮的下拉箭头，系统会显示包含"文件中的视频"、"来自网站的视频"、"剪贴画视频"等操作。例如，选择添加一个"文件中的视频"，此时系统会打开"插入视频文件"对话框，在用户选择了一个要插入的视频文件后，系统会在幻灯片上会出现该视频文件的窗口，用户可以像编辑其他对象一样，改变它的大小和位置。用户可以通过"视频工具"对插入的视频文件的播放、音量等进行设置。完成设置之后，该视频文件会按前面的设置，在放映幻灯片时播放。

四、实验范例

1. 设置幻灯片切换效果

幻灯片的切换就是指当前幻灯片以何种形式从屏幕上消失，以及下一页以什么样的形式显示在屏幕上。设置幻灯片的切换效果，可以使幻灯片以多种不同的形式出现在屏幕上，并且可以在切换时添加声音，从而增加演示文稿的趣味性。可以为一组幻灯片设置同一种切换方式，也可以为每张幻灯片设置不同的切换方式。

使用幻灯片切换方案如下。

① 选择要设置切换方式的幻灯片，选择"切换"选项卡，在"切换到此幻灯片"组中单击"切换方案"按钮，弹出如图5.11所示的下拉框，在下拉框中选择合适的动画效果。

② 然后可以在"切换"选项卡的"计时"组中再选择切换的"声音"和"持续时间"，如"风铃"声，时间可以自定。如果在此设置中没有选择"全部应用"，则前面的设置只对选中的幻灯片

有效。

图 5.11 "幻灯片切换"任务窗格

2. 自定义对象效果

在 PowerPoint 中，除了快速地进行幻灯片切换动画外，还包括自定义动画。所谓自定义动画，是指为幻灯片内部各个对象设置的动画。

添加自定义动画效果的方法如下。

（1）选择幻灯片中需要设置动画效果的对象，选择"动画"选项卡。在"高级动画"组中选择"添加动画"下拉按钮，弹出的对话框底部如图 5.12 所示。

图 5.12 "添加动画"对话框底部图

（2）单击"其他动作路径"，在下拉框中选择相应的动画效果即可。

在给演示文稿中的多个对象添加动画效果时，添加效果的顺序就是演示文稿放映时的播放次序。当演示文稿中的对象较多时，难免在添加效果时使动画次序产生错误，这时可以在动画效果添加完成后，再对其进行重新调整。

① 在"动画窗格"的动画效果列表中，单击需要调整播放次序的动画效果。

② 单击窗格底部的"上移"按钮或"下移"按钮来调整该动画的播放次序。

③ 单击"上移"按钮表示可以将该动画的播放次序提前，单击"下移"按钮表示将该动画的播放次序向后移一位。

④ 单击窗格顶部的"播放"按钮就可以播放动画了。

3. 设置超链接

在 PowerPoint 中，链接是指从一张幻灯片到另一张幻灯片、一个网页或一个文件的连接。链接本身可能是文本或对象（例如，图片、图形、形状或艺术字）。表示链接的文本用下画线显示，图片、形状和其他对象的链接没有附加格式。需要掌握编辑超链接、删除超链接、编辑动作链接三个部分。

五、实验要求

（1）以环保为主题设计一个宣传片。

要求：制作成演示文稿，并满足以下要求。

① 演示文稿不能少于 10 张。

② 第一张演示文稿是"标题演示文稿"，其中副标题中的内容必须是本人的信息，包括"姓名、专业、年级、班级、学号、考号"。

③ 其他演示文稿中要包含与题目要求相关的文字、图片或艺术字，并且这些对象要通过"自定义动画"进行设置。

④ 除"标题演示文稿"之外，每张演示文稿上都要显示页码。

⑤ 选择一种"应用设计模板"或者"背景"对文件进行设置。

⑥ 设置每张演示文稿的切入方法，至少使用 3 种。

⑦ 要求使用超链接，顺利地进行幻灯片跳转。

⑧ 幻灯片的整体布局合理、美观大方。

（2）设计一个你看过的电影或电视剧海报。

要求：制作成演示文稿，并满足以下要求。

① 演示文稿不能少于 15 张。

② 第一张演示文稿是"标题演示文稿"，其中副标题中的内容必须是本人的信息，包括"姓名、专业、年级、班级、学号、考号"。

③ 其他演示文稿中要包含与题目要求相关的文字、图片或艺术字，并且这些对象要通过"自定义动画"进行设置。

④ 除"标题演示文稿"之外，每张演示文稿上都要显示页码。

⑤ 选择一种"应用设计模板"或者"背景"对文件进行设置。

⑥ 设置每张演示文稿的切入方式，至少使用 3 种。

⑦ 要求使用超链接，顺利地进行幻灯片跳转。

⑧ 幻灯片的整体布局合理、美观大方。

（3）制作一个演示文稿，介绍李白的几首诗，具体要求如下。

① 第一张幻灯片是标题幻灯片。

② 第二张幻灯片重点介绍李白的生平。

③ 在第三张幻灯片中给出要介绍的几首诗的目录，它们应该通过超链接链接到相应的幻灯片上。

④ 在每首诗的介绍中应该有不少于 1 张的相关图片。

⑤ 选择一种合适的模板。

⑥ 幻灯片中的部分对象应有两种以上的动画设置。

⑦ 幻灯片之间应有两种以上的切换设置。

⑧ 幻灯片的整体布局合理、美观大方。

第6章
多媒体技术及应用

实验一　Authorware 的基本操作

一、实验学时：**2 学时**

二、实验目的

- 了解 Authorware 的运行环境
- 熟悉 Authorware 的设计环境，掌握使用 Authorware 进行多媒体应用系统设计的方法

三、相关知识

1. Authorware 简介

在各种多媒体应用软件的开发工具中，Macromedia 公司推出的多媒体制作软件 Authorware 是不可多得的开发工具之一。它使得不具有编程能力的用户也能创作出一些高水平的多媒体作品。 Authorware 采用面向对象的设计思想，是一种基于图标（Icon）和流线（Line）的多媒体开发工 具。它把众多的多媒体素材交给其他软件处理，本身则主要承担多媒体素材的集成和组织工作。 Authorware 操作简单，程序流程明了，开发效率高，并且能够结合其他多种开发工具，共同实现 多媒体的功能。它易学易用，不需大量编程，使得不具有编程能力的用户也能创作出一些高水平 的多媒体作品，对于非专业开发人员和专业开发人员都是一个很好的选择。

Authorware 软件具有如下特点。

（1）提供积木式的图标创作方法和面向对象的创作环境

Authorware 为多媒体应用系统开发者提供了一种堆积式的创作方法和一个面向对象的创作 环境，使用多个功能图标，不同的图标被看作不同的对象，可以随意穿插或叠合。开发人员不需 要程序设计语言的编程经验，只需将多媒体应用系统划分为相对独立的媒体素材片断和逻辑分支， 使之能用图标分别表示，然后将这些图标用流程图的方式有机地结合在一起，即可完成丰富多彩、 画面生动的多媒体应用系统。

（2）提供高效的多媒体集成环境

通过 Authorware 自身的多媒体管理机制和多种外部接口，开发者可以充分地利用包括声音、 文字、图像、动画和数字视频等在内的多种内容，将它们有效地集成在一起，形成具有充分表现

力的多媒体应用系统。

Authorware 的主要媒体处理功能有：对文本对象具有丰富的控制功能，允许用户自由选择字体、文本、大小、颜色，支持超文本功能；支持多种格式的图形及图像，可利用其内部的绘图工具或图形函数绘画界面，而且其内部就具有移动图标控制功能，利用这些功能可用一系列图片产生电影效果；支持多种格式的视频文件，可以方便地加载视频信息，设置播放区幅面，选择播放视频信息中的一个片段，还可对视频信息的播放进行其他控制；支持多种格式的声音文件，可以方便地加载声音，并控制其播放速度、回放次数及播放条件等。

（3）提供强大的逻辑结构管理功能

Authorware 提供了直观的图标（Icons）控制多媒体演示界面，无需编程，只使用流程线及一些工具图标，就可以达到某些编程软件经过复杂的编程才能达到的效果。Authorware 利用对各种图标的逻辑结构布局，来实现整个应用系统的制作，逻辑结构管理是 Authorware 的核心部分。Authorware 程序运行的逻辑结构主要是通过所有图标在流程线上的相应位置来反映整个体系。对于分支流程，可以设定选择分支的方法，如随机选择、变量选择、顺序选择等，对于循环流程，可以设定循环的次数、循环的终止条件等。通过这种方法可以把整个系统划分为若干子系统，并逐级细化，直至每一个最底层模块。Authorware 引进了页的概念，提供了框架图标和导航图标，可以实现超文本与超媒体链接。

（4）提供丰富、灵活的交互方式

Authorware 提供了 10 余种交互方式供开发者选择，以适应不同的需要。除了一般常见的交互方式，如按钮、菜单、键盘、鼠标等之外，Authorware 还提供了热区响应、热对象响应、目标区响应等多种交互控制方式。

（5）具有丰富的变量和函数

Authorware 提供了 10 余类、200 余种变量和函数，这些函数与变量提供了对数据进行采集、存储与分析的各种手段。开发者巧妙地运用这些函数和变量，可以对多媒体应用系统的演示效果进行细致入微的控制。

（6）提供模块与库功能

模块和库这两种功能是为优化软件开发与运行而提供的制作技术。通过模块功能，可以最大限度地重复利用已有的 Authorware 代码，避免不必要的重复性开发。通过对库的管理，使庞大的多媒体数据信息独立于应用程序之外，避免了数据多次重复调入，减小了应用程序所占的空间，从而优化应用程序，提高主控程序的执行效率和减少程序所占空间。

（7）具有广泛的外部接口

Authorware 除了具备各种创作功能外，还为开发者提供了多种形式的外部接口，常用的数据接口有：Director、C 语言等。而且 Authorware 支持 OLE 技术，使开发者可以方便地利用其他开发工具制作多媒体数据文件。Authorware 为扩展功能提供了相应的标准，接在 Windows 操作系统中支持 DLL 格式的外部动态链接库，使具备专业编程知识的开发人员及有特殊要求的用户可以方便地扩充 Authorware 的功能。

（8）提供网络支持

Authorware 应用了多媒体的 Internet 传输技术，制作出的应用程序支持网络操作。通过该项技术，可将 Authorware 制成的多媒体应用系统快速地发布到 Internet 上，在网上提供各种在 Authorware 中创建的交互信息。另一方面，通过 ActiveX 控件的浏览器，Authorware 也可以让用户在其应用程序中浏览 Internet 上的内容。

（9）跨平台体系结构

Authorware 是一套跨平台的多媒体开发工具，无论是在 Windows 还是 Macintosh 平台上，均提供了几乎完全相同的工作环境，这使之成为目前少有的可以方便地进行这两种平台移植的多媒体创作工具。它提供存储 For Windows 及 For Macintosh 的文件格式，可以方便地在这两个平台间调用及存储 Authorware 应用程序。

（10）独立的应用系统

Authorware 可以把制作的多媒体产品进行打包，生成 EXE 文件。该文件能够脱离开发环境，作为 Windows 的应用程序来运行。也可以制作成播放文件，带上 Authorware 提供的播放器而独立于 Authorware 环境运行。

2. 操作界面

同许多 Windows 程序一样，Authorware 具有良好的用户界面。Authorware 的启动、文件的打开和保存、退出等基本操作都和其他 Windows 程序类似。下面仅介绍 Authorware 特有的菜单栏（见图 6.1）和工具栏（见图 6.2）。

（1）菜单栏

Authorware 的菜单栏如图 6.1 所示。

图 6.1　菜单栏

- Insert（插入）菜单：用于引入知识对象、图像和 OLE 对象等。
- Modify（修改）菜单：用于修改图标、图像和文件的属性，建组及改变前景和后景的设置等。
- Text（文本）菜单：提供丰富的文字处理功能，用于设定文字的字体、大小、颜色、风格等。
- Control（控制）菜单：用于调试程序。
- Xtras（特殊效果）菜单：用于库的链接及查找显示图标中文本的拼写错误等。
- Commands（命令）菜单：里面有关于 RTF 编辑器和查找 Xtras 等内容。
- Window（窗口）菜单：用于打开展示窗口、库窗口、计算窗口、变量窗口、函数窗口及知识对象窗口等。
- Help（帮助）命令：从中可获得更多有关 Authorware 的信息。

（2）常用工具栏

常用工具栏是 Authorware 窗口的组成部分，其中每个按钮实质上是菜单栏中的某一个命令，由于使用频率较高，被放在常用工具栏中。熟练使用常用工具栏中的按钮，可以使工作事半功倍。

（3）图标工具栏

图标工具栏在 Authorware 窗口中的左侧，如图 6.2 所示，包括多个图标、开始旗、结束旗和图标调色板，是 Authorware 最特殊也是最核心的部分。

图 6.2　图标工具栏

① 🔲 "显示"设计图标。

显示图标是 Authorware 设计流程线上使用最频繁的图标之一，在显示图标中可以存储多种形式的图片及文字，另外，还可以在其中放置函数变量进行动态的运算执行。

② 🔲 "移动"设计图标。

移动图标是设计 Authorware 动画效果的图标，它主要用于移动位于显示图标内的图片或者文本对象，但其本身并不具备动画能力。Authorware 6.5 提供了 5 种二维动画移动方式。

③ 🔲 "擦除"设计图标。

擦除图标主要用于擦除程序运行过程中不再使用的画面对象。Authorware 6.5 系统内部提供多种擦除过渡效果使程序变得更加眩目生动。

④ 🔲 "等待"设计图标。

顾名思义，主要用在程序运行时的时间暂停或停止控制。

⑤ ▽ "导航"设计图标。

导航图标主要用于控制程序流程间的跳转，通常与框架图标结合使用，在流程中设置与任何一个附属于框架设计图标页面间的定向链接关系。

⑥ 🔲 "框架"设计图标。

框架图标提供了一个简单的方式来创建并显示 Authorware 的页面功能。框架图标右边可以下挂许多图标，包括显示图标、群组图标、移动图标等，每一个图标被称为框架的一页，而且它也能在自己的框架结构中包含交互图标、判断图标，甚至是其他的框架图标内容，功能十分强大。

⑦ ◇ "决策"设计图标。

决策图标通常用于创建一种决策判断执行机构，当 Authorware 程序执行到某一决策图标时，它将根据用户事先定义的决策规则而自动计算执行相应的决策分支路径。

⑧ 🔲 "交互"设计图标。

交互图标是 Authorware 突出强大交互功能的核心表征，有了交互图标，Authorware 才能完成各种灵活复杂的交互功能。Authorware 6.5 提供了多达 11 种的交互响应类型。与显示图标相似，交互图标中同样也可插入图片和文字。

⑨ 🔲 "计算"设计图标。

计算图标是用于对变量和函数进行赋值及运算的场所，它的设计功能虽然看起来简单，但是灵活地运用往往可以实现难以想象的复杂功能。值得注意的是，计算图标并不是 Authorware 计算代码的唯一执行场所，其他的设计图标同样有附带的计算代码执行功能。

⑩ 🔲 "群组"设计图标。

Authorware 引入的群组图标，更好地解决了流程设计窗口的工作空间限制问题，允许用户设计更加复杂的程序流程。群组图标能将一系列图标进行归组包含于其下级流程内，从而提高了程序流程的可读性。

⑪ 🔲 "电影"设计图标。

电影图标，即数字化电影图标，主要用于存储各种动画、视频及位图序列文件。利用相关的系统函数变量可以轻松地控制视频动画的播放状态，实现例如回放、快进/慢进、播放/暂停等功能。

⑫ 🔲 "声音"设计图标。

与数字化电影图标的功能相似，声音图标则是用来完成存储和播放各种声音文件的。利用相关的系统函数变量同样可以控制声音的播放状态。

⑬ 🔲 "视频"设计图标。

视频图标通常用于存储一段视频信息数据，并通过与计算机连接的视频播放机进行播放，即视频图标的运用需要硬件的支持，普通用户都较少使用该设计图标。

⑭ [图标] "开始"旗帜。

用于调试执行程序时，设置程序流程的运行起始点。

⑮ [图标] "结束"旗帜。

用于调试执行程序时，设置程序流程的运行终止点。

（4）程序设计窗口

程序设计窗口是 Authorware 的设计中心，Authorware 具有的对流程可视化编程功能，主要体现在程序设计窗口的风格上。

程序设计窗口如图 6.3 所示，其组成如下。

- 标题栏：显示被编辑的程序文件名。
- 主流程线：一条被两个小矩形框封闭的直线，用来放置设计图标，程序执行时，沿主流程线依次执行各个设计图标。 程序开始点和结束点的两个小矩形，分别表示程序的开始和结束。

图 6.3　程序设计窗口

- 粘贴指针：一只小手，指示下一步设计图标在流程线上的位置。单击程序设计窗口的任意空白处，粘贴指针就会跳至相应的位置。

四、实验范例

1. 做一个浏览图片的多媒体

（1）首先需要准备做该实验所需的素材（图片），然后用鼠标双击 Authorware 图标，启动后进入主界面。

（2）单击工具栏中的"新建图标"，建立一个新文件。

（3）将鼠标移动到设计图标栏中的显示图标上，按下鼠标左键不放，将它移动到主流程线上后松开鼠标，这时主流程线上出现一个名字为"Untitled"的显示图标，单击该图标，将名字改为"背景"。

（4）双击"背景"，打开显示编辑区，然后用鼠标左键选择"文件"菜单下的"导入/导出"命令，选择导入媒体，如图 6.4 所示。或者用鼠标单击"插入"图标，打开查找对话窗，选择一张图片，然后按"插入"按钮，一张美丽的图片就被插入进来。

（5）选择工具栏上的文本按钮，输入要做文件的标题"美好风光"，同时在工具栏上，左键单击模式按钮选择透明即可，如图 6.5 所示。

（6）将鼠标移动到设计图标栏中的声音图标上，按下鼠标左键不放，将它移动到主流程线上后松开鼠标，这时主流程线上出现一个名字为"未命名"的显示图标。单击该图标，将名字改为"音乐"。在显示编辑区单击该图标，在显示区就会出现如图 6.6 所示的对话框。单击"计时"选项卡选择"同时"。

（7）将鼠标移动到设计图标栏中的等待图标上，按下鼠标左键不放，将它移动到主流程线上后松开鼠标，这时主流程线上出现一个等待图标，单击该图标，在它的属性选项卡中进行设置，时限 3s，对于是否显示按钮、显示倒计时由用户自己选择。

图 6.4　图片导入

图 6.5　文本的输入

图 6.6　声音属性选项卡

（8）最终程序设计窗口如图 6.7 所示，其他背景和等待图标的选择与设计同上。

（9）单击"文件"菜单中的"保存"命令，保存文件，将其命名为"图片浏览.a7p"。这样，一个只含一张图片的 Authorware 6.5 程序设计实例就设计完毕，可以通过单击执行程序图标来观看效果。

2．做一个配乐文字的多媒体

（1）首先需要准备做该实验所需的素材（图片，文字以 txt 保存），然后双击 Authorware 图标，启动后进入主界面。

（2）单击工具栏中的"新建图标"，建立一个新文件。

（3）将鼠标移动到设计图标栏中的显示图标上，

图 6.7　图片浏览的程序设计窗口

按下鼠标左键不放，将它移动到主流程线上后松开鼠标，这时主流程线上出现一个名字为"Untitled"的显示图标，单击该图标，将名字改为"背景"。

（4）双击"背景"，打开显示编辑区，然后用鼠标左键选择"文件"菜单下的"导入/导出"命令，选择导入媒体。或者单击"插入"图标，打开查找对话窗，选择一张图片，然后按"插入"按钮，所需的图片就被插入进来，如图 6.8 所示，用前面所学的方法，在该背景下输入文字"红楼诗词鉴赏"。

图 6.8　背景导入

（5）最终的实验流程图如图 6.9 所示。

（6）值得注意的是所需文字是用和导入图片一样的方法导入的，如图 6.10 所示。

（7）这里还用到了移动图标的设置，如图 6.11 所示。

（8）最后是一个计算图标，其设置如图 6.12 所示。

图 6.9　配乐文字程序设计窗口

图 6.10　文字的导入

图 6.11　移动图标的设置

图 6.12　计算图标的属性设置

（9）用鼠标单击"文件"菜单中的"保存"命令，保存文件，将其命名为"配乐文字.a7p"。这样，一个配乐文字的程序设计实例就设计完毕，可以通过单击执行程序图标来观看效果。

五、实验要求

按照上述步骤完成以下两个任务。

（1）制作一个以大学为题材的图片浏览多媒体。

（2）制作一个配乐文字多媒体。

实验二　Authorware 的高级操作

一、实验学时：2 学时

二、实验目的

● 演示型课件的开发，在课件中加入交互，使制作出的课件功能更加强大

三、相关知识

教师在讲解课程的过程中，对于重点词句与重点段落作一些醒目的标记，引起学生的注意，这是课堂教学中经常发生的。在多媒体课件演示时，可以使用一支电子笔，在讲解过程中随时对重要内容进行标注。本次实验将使用 Authroware 的条件交互来制作一支随意涂画的电子笔，实现简单的白板功能。

条件交互是一种根据用户为该交互设置的条件进行自动匹配的交互类型。条件交互随时检测设置的条件是否成立。条件成立（TRUE），则执行该条件交互分支下设计图标内的流程；条件不成立（FALSE），则不执行该条件交互分支。例如，用系统变量 MouseDown 检测用户是否进行了鼠标的单击或拖动操作，或是判断用户取得的成绩是否已经大于 60 分，进而对用户取得的成绩作出阶段性评价（如及格或不及格等），这些都可以通过条件交互来实现。

四、实验范例

本次实验的程序流程如图 6.13 所示，执行效果如图 6.14 所示。

图 6.13　"白板功能"程序流程

图 6.14　"白板功能"程序执行效果

设计思路：建立一个条件交互，判断用户是否按下了鼠标左键，如果条件成立，则利用绘图

函数进行绘图，绘制的图形在退出交互时擦除。

制作过程如下。

（1）新建一个文件，选择"文件"|"保存"菜单命令将新建的文档进行保存。

（2）拖动一个显示图标到流程线上，重命名为"显示古诗"。双击打开"显示古诗"设计窗口，使用工具箱上的文本工具输入诗句内容，并设置文字的字体和大小，最后设置结果如图 6.15 所示。

为防止该文本被鼠标拖动，需要将其设为不可移动。选中"显示古诗"显示图标，右键单击后在弹出的快捷菜单中选择"计算"，为它附加一个计算图标，在弹出的计算图标编辑窗口输入代码"Movable:=FALSE"。

（3）拖动一个交互图标到流程线上，将其重命名为"白板"。

（4）拖动一个群组图标到"白板"交互图标右侧，弹出"交互类型"对话框，单击"条件"单选按钮，建立一个条件交互分支。单击条件交互分支上的交互标志，调出交互属性面板，单击"条件"面板项，在"条件"文本框中输入"MouseDown"，选择"自动"下拉列表框中的"为真"选项，如图 6.16 所示。

图 6.15　"显示古诗"显示图标设计窗口

图 6.16　条件交互属性面板"条件"面板项

（5）单击"响应"面板项，选择"擦除"下拉列表框中的"在退出时"选项。

（6）为"MouseDown"群组图标附加一个计算图标，该计算图标的作用是画任意线段，其内部代码如下。

```
SetFrame(TRUE , RGB(255,0,0))  --设置线条颜色
Line(2,CursorX,CursorY,CursorX,CursorY)  --根据鼠标位置画线
```

（7）拖动一个群组图标到"MouseDown"交互分支右侧，单击按钮交互分支上的交互标志，调出按钮交互属性面板。将新建立的交互分支类型更改为按钮交互。单击"响应"面板项，选择"范围:永久"复选框。

（8）将群组图标重命名为"退出"。

（9）为"退出"群组图标附加一个计算图标，在弹出的计算图标编辑窗口输入"Quit(0)"。

（10）运行程序进行测试，使用鼠标在需要加上标注的地方进行涂画，会发现鼠标点按的地方出现了红色的涂抹线条。

五、实验要求

按照上述实例完成以下两个任务。

（1）制作一个以唐诗宋词作为题材的课件。

（2）制作一个自己喜欢的课程的课件。

第7章
数据库基础

实验一 数据库和表的创建

一、实验学时：2学时

二、实验目的

- 熟练掌握数据库的创建、打开以及利用窗体查看数据库
- 数据库记录的排序、数据查询
- 对数据表进行编辑、修改、创建字段索引

三、相关知识

1. 设计一个数据库

在 Access 中，设计一个合理的数据库，最主要的是设计合理的表以及表间的关系。作为数据库基础数据源，它是创建一个能够有效地、准确地、快捷地完成数据库具有的所有功能的基础。

设计一个 Access 数据库，一般要经过如下步骤。

（1）需求分析

需求分析就是对所要解决的实际应用问题做详细的调查，了解所要解决问题的组织机构、业务规则，确定创建数据库的目的，确定数据库要完成哪些操作、数据库要建立哪些对象。

（2）建立数据库

创建一个空 Access 数据库，对数据库命名时，要使名字尽量体现数据库的内容，要做到"见名知义"。

（3）建立数据库中的表

数据库中的表是数据库的基础数据来源。确定需要建立的表，是设计数据库的关键，表设计的好坏直接影响数据库其他对象的设计及使用。

设计能够满足需要的表，要考虑以下内容：

① 每一个表只能包含一个主题信息；
② 表中不要包含重复信息；
③ 表拥有的字段个数和数据类型；

④ 字段要具有唯一性和基础性，不要包含推导或计算数据；

⑤ 所有的字段集合要包含描述表主题的全部信息；

⑥ 确定表的主键字段。

（4）确定表间的关联关系

在多个主题的表间建立表间的关联关系，使数据库中的数据得到充分利用，同时对于复杂的问题，可先化解为简单的问题后再组合，会使解决问题的过程变得容易。

（5）创建其他数据库对象

设计其查询、报表、窗体、宏、数据访问页和模块等数据库对象。

2. 数据库中的对象

在一个 Access 2010 数据库文件中，有 7 个基本对象，它们处理所有数据的保存、检索、显示及更新。这 7 个基本对象类型是：表、查询、窗体、报表、页、宏及模块。

表（Table）是数据库中用来存储数据的对象，它是整个数据库系统的数据源，也是数据库其他对象的基础。Access 2010 的数据表提供一个矩阵，矩阵中的每一行称为一条记录，每一行唯一地定义了一个数据集合，矩阵中的若干列称为字段，字段存放不同的数据类型，具有一些相关的属性。

Access 中的查询包括选择查询、计算查询、参数查询、交叉表查询、操作查询和 SQL 查询。报表和窗体都是通过界面设计进行数据定制输出的载体。

3. 创建数据库

创建数据库，可以使用 2 种方法。

（1）创建空白数据库

在开始使用 Access 2010 界面时，选择"可用"模板中的"空数据库"，设置好要创建数据库存储的路径和文件名后，即创建了新的数据库。用户可根据自己的需要任意添加和设置数据库对象。设计完成后，保存设置，返回数据表打开视图，即可按设计好的字段添加记录。

（2）使用模板创建数据库

启动 Access 2010，在"新建"菜单项中可使用"可用模板"和"office.com 模板"两种模板来创建数据库。"可用模板"是利用本机上的模板来创建，"office.com 模板"是登录 Microsoft 网站下载模板创建新数据库。

选择"可用模板"中的"样本模板"打开本机 Office 样本模板，再选择所需要的类型，然后在右边的"文件名"文本框中输入自定义的数据库文件名，并单击后面文件夹按钮设置存储位置，然后单击"创建"，系统则按选中的模板自动创建新数据库，数据库文件扩展名为.accdb。

创建完成后，系统进入按模板新创建的数据库主界面。用户只需单击"新建"即可添加记录。此时，一个包含表、窗体、报表等数据库对象的数据库创建结束。

4. 数据库的打开与关闭

（1）数据库的打开

Access 2010 提供了 3 种方法来打开数据库，一是在数据库存放的路径下找到所需要打开的数据库文件，直接用鼠标双击即可打开；二是在 Access 2010 的"文件"选项卡中单击"打开"命令；三是在最近使用过的文档中快速打开。

（2）数据库的关闭

完成数据库操作后，便可把数据库关闭，可使用"文件"选项卡中的"关闭数据库"命令，或使用要关闭数据库窗口的"关闭"控制按钮关闭当前数据库。

四、实验范例

1．实验内容

（1）创建"学籍管理"数据库。

"学籍管理"数据库表结构如表 7.1 所示。

表 7.1　　　　　　　　　　　　　　"学籍管理"数据库

学　　号	姓　　名	性别	出生日期	班　　级	政治面貌	本学期平均成绩
2012101	赵一民	男	90-9-1	计算机 12-4	团员	89
2012102	王林芳	女	89-1-12	计算机 12-4	团员	67
2012103	夏林	男	88-7-4	计算机 12-4	团员	78
2012104	刘俊	男	89-12-1	计算机 12-4	团员	88
2012105	郭新国	男	90-5-2	计算机 12-4	团员	76
2012106	张玉洁	女	89-11-3	计算机 12-4	团员	63
2012107	魏春花	女	89-9-15	计算机 12-4	团员	74
2012108	包定国	男	90-7-4	计算机 12-4	团员	50
2012109	花朵	女	90-10-2	计算机 12-4	团员	90

（2）删除第 5 个纪录，再将其追加进去。

（3）查询数据库中"本学期平均成绩"高于 70 分的学生，并将其"学号"、"姓名"、"本学期平均成绩"打印出来。

（4）将"学籍管理"数据库按平均成绩从高到低重新排列并打印输出，报表显示"学号"、"姓名"、"性别"、"成绩"字段。

2．操作步骤

（1）创建"学籍管理"数据库。

创建空白数据库的方法如下。

① 启动 Access 2010，在"文件"中选择"新建"｜"可用模板"中"空数据库"，在右侧选择该库文件存放的位置，如"D：\"，确定库名"学籍管理.accdb"，再单击"创建"，如图 7.1 所示。打开"学籍管理"，新创建的空白数据库如图 7.2 所示。

图 7.1　新建"空白数据库"选项

图 7.2　新建数据库窗口

② 右键单击"表 1"，将表改名为"学生档案"，如图 7.3 所示。

③ 在出现的创建数据表结构对话框中创建表结构，选择表设计按钮，定义以下字段：学号，数字型，长度为长整型；姓名，文本型，长度为 10；性别，文本型，长度为 4；出生日期，日期/时间型；班级，文本型，长度为 10；政治面貌，文本型，长度为 8；本期平均成绩，数字型，长度为小数，小数值为 1。建好的数据表结构如图 7.4 所示。关闭该表。

图 7.3　表改名对话框

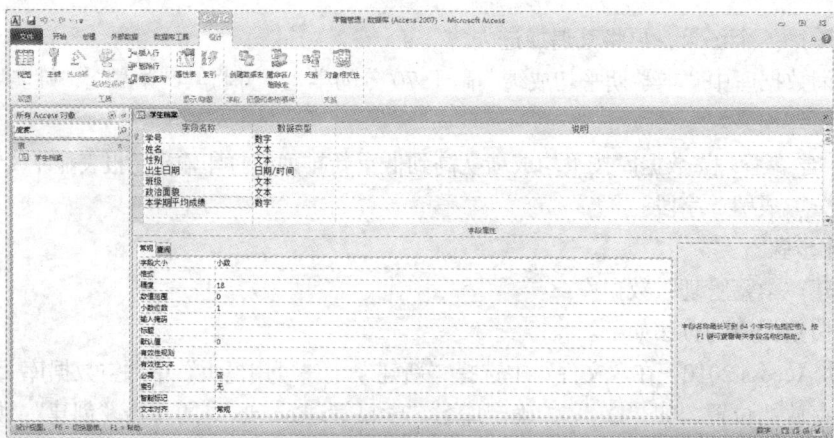

图 7.4　表结构

④ 添加记录。在"学籍管理"数据库窗口中双击"学生档案"数据表，开始录入学生记录，如图 7.5 所示。输完后单击"文件"|"保存"或保存工具保存此数据表，然后关闭数据表和数据库。

学号	姓名	性别	出生日期	班级	政治面貌	本学期平均	单击以添加
2012101	赵一民	男	1990/9/1	计算机12-4	团员	89	
2012102	王林芳	女	1989/1/12	计算机12-4	团员	67	
2012103	夏林	男	1988/7/4	计算机12-4	团员	78	
2012104	刘俊	男	1989/12/1	计算机12-4	团员	88	
2012105	郭新国	男	1990/5/2	计算机12-4	团员	76	
2012106	张玉洁	女	1989/11/3	计算机12-4	团员	63	
2012107	魏春花	女	1989/9/15	计算机12-4	团员	74	
2012108	包定国	男	1990/7/4	计算机12-4	团员	50	
2012109	花朵	女	1990/10/2	计算机12-4	团员	90	

记录 第 9 项(共 9 项) 无筛选器 搜索

图 7.5　添加记录

（2）删除第 5 个纪录，再将其追加进去。

① 重新打开学籍档案表，选择要删除的记录并在其上单击鼠标右键，在弹出的快捷菜单上选择"删除记录"命令，如图 7.6 所示。

图 7.6 删除记录

② 也可以在表的末尾重新添加上刚才删除的记录，如果还要让其显示在原来的位置，可以在学号所在列单击鼠标右键，选择"升序排列"命令即可。

（3）查询数据库中"本学期平均成绩"高于 70 分的学生。

① 右键单击"本学期平均成绩"，选择"数字筛选器"中"大于……"，如图 7.7 所示。

图 7.7 "筛选"对话框

② 在弹出的窗口中输入"70"，如图 7.8 所示。

③ 单击"确定"按钮即可得到结果，如图 7.9 所示。

（4）将"学籍管理"数据库按平均成绩从高到低重新排列并打印输出，报表显示"学号"、"姓名"、"性别"、"成绩"字段。

图 7.8 "自定义筛选"对话框

图 7.9 筛选结果

右键单击"本学期平均成绩"右边三角，选择"降序"即可。

五、实验要求

（1）创建一个学生个人信息表，相关信息自由而合理地设计。

（2）创建一个公司通迅录，相关信息自由而合理地设计。

实验二　数据表的查询

一、实验学时：2学时

二、实验目的

- 掌握如何创建查询
- 掌握数据库记录的排序、数据查询

三、相关知识

查询（query）也是一个"表"，是以表为基础数据源的"虚表"。它可以作为表加工处理后的结果，也可以作为数据库其他对象的数据来源。查询是用来从表中检索所需要的数据，以对表中的数据加工的一种重要的数据库对象。查询结果是动态的，以一个表、多个表或查询为基础，创建一个新的数据集是查询的最终结果，而这一结果又可作为其他数据库对象的数据来源。查询不仅可以重组表中的数据，还可以通过计算再生新的数据。

1. 查询的种类

在 Access 中，主要有选择查询、参数查询、交叉表查询、动作查询及 SQL 查询。选择查询主要用于浏览、检索、统计数据库中的数据；参数查询是通过运行查询时的参数定义、创建的动态查询结果，以便更多、更方便地查找有用的信息；动作查询主要用于数据库中数据的更新、删除及生成新表，使得数据库中数据的维护更便利；SQL 查询是通过 SQL 语句创建的选择查询、参数查询、数据定义查询及动作查询。

2. 怎样获得查询

（1）使用向导创建查询。

（2）使用设计器创建查询。

四、实验范例

1. 实验内容

（1）创建"学籍管理"数据库，其表结构如实验一中的表7.1所示。

（2）创建"学籍管理"的查询。

① 使用向导创建查询的操作步骤如下。

a. 打开要创建查询的数据库文件，选择"创建"选项卡。

b. 通过"创建"选项卡 "查询"功能区的"查询向导"命令按钮，单击后弹出如图 7.10 所示的"新建查询"对话框。

c. 在打开的"新建查询"对话框中，选择一种类型，一般选择"简单查询向导"选项，单击"确定"按钮。以下是创建"简单查询向导"的步骤。

d. 在弹出如图 7.11 所示的"简单查询向导"对话框中，单击 `>>` 按钮将"可用字段"列表框中显示的表中的所有字段添加到"选定字段"列表框中，也可以选中某个可用字段，单击 `>` 按钮添加到"选定字段"列表框中。

e. 完成后，单击"下一步"按钮，弹出如图 7.12 所示的提示框。

图 7.10 "新建查询"对话框

图 7.11 "简单查询向导"对话框

图 7.12 选择提示框

f. 选择默认状态下的"明细"选框，单击"下一步"按钮；若选择"汇总"选框，单击"汇总选项"，选择需要计算的汇总值，单击"确定"按钮，再单击"下一步"按钮。在"请为查询指定标题"文本框中输入标题，单击"完成"按钮就完成了创建。

② 使用设计器创建查询操作步骤如下。

a. 打开要创建查询的数据库文件，选择"创建"选项卡，在"查询"栏中选择"查询设计"按钮，弹出"显示表"对话框。

b. 在对话框中选择要创建查询的表，分别单击"添加"按钮，添加到"查询 1"选项卡的文档编辑区中，单击"关闭"按钮。

c. 在表中分别选中需要的字段，依次拖动到下面设计器中的"字段"行中，添加完字段后，在"表"行中自动显示该字段所在的表名称，如图 7.13 所示。

d. 在弹出的查询页中输入查询条件显示的字段及查询条件，条件为"性别=女"和"成绩>70"，如图 7.14 所示。

图 7.13 选择需要的字段到设计器中

图 7.14　查询条件

e. 右键单击"查询 1"选项卡，在弹出的下拉菜单中选择"保存"命令，弹出"另存为"对话框，在对话框中的"查询名称"文本框中输入名称，如"成绩查询"，单击"确定"按钮，则建立了一个成绩查询表。

关闭查询对话框。在查询页上可以看到已经保存的"成绩查询"，双击看到查询结果，如图 7.15 所示。

图 7.15　查询结果

五、实验要求

（1）创建一个学生个人信息表，建立对该表的相关查询。
（2）建立对一个公司通讯录的相关查询。

实验三　窗体与报表的操作

一、实验学时：2 学时

二、实验目的

● 掌握如何创建窗体和报表
● 熟练掌握对窗体和报表的操作

三、相关知识

1. 窗体

窗体是 Access 数据库应用系统中最重要的一种数据库对象，它是用户对数据库中数据进行操作最理想的工作界面，为数据的输入、修改和查看提供了一种灵活简便的方法，可以使用窗体来控制对数据的访问，如显示哪些字段或数据行。也可以说，因为有了窗体这一数据库对象，用户在对数据库操作时，界面形式美观、内容丰富，特别是对备注型字段数据的输入、OLE 字段数据的浏览更方便、快捷，窗体背景与前景内容的设置会给用户提供一个非常有亲和力的数据库操作环境，使得数据库应用系统的操纵、控制尽在"窗体"中。

窗体作为 Access 数据库的重要组成部分，起着联系数据库与用户的桥梁作用。以窗体作为输入界面时，它可以接受用户的输入，判定其有效性、合理性，并具有一定的响应消息执行的功能。以窗体作为输出界面时，它可以输出一些记录集中的文字、图形图像，还可以播放声音、视频动画，实现数据库中的多媒体数据处理。

新建窗体通过"创建"选项卡中的"窗体"功能区来完成。创建窗体的方法有以下几种：

（1）快速创建窗体；

（2）通过窗体向导创建窗体；

（3）创建分割窗体；

（4）创建多记录窗体；

（5）创建空白窗体；

（6）在设计图中创建窗体。

对窗体的操作包括以下两种：

（1）控件操作；

（2）记录操作。

2.　报表

报表（report）是数据库中数据输出的另一种形式。它不仅可以将数据库中的数据分析、处理的结果通过打印机输出，还可以对要输出的数据完成分类小计、分组汇总等操作。在数据库管理系统中，使用报表会使数据处理的结果多样化。报表也是 Access 2010 中的重要组成部分，是以打印格式显示数据的可视性表格类型，可以通过它控制每个对象的显示方式和大小。

创建报表的方法如下：

（1）快速创建报表；

（2）创建空报表；

（3）通过向导创建报表。

四、实验范例

1. 窗体的创建

（1）快速创建窗体

快速创建窗体的方法为：打开要创建窗体的数据库文件，选择"创建"选项卡，在"窗体"栏中选择"窗体"按钮即可。

（2）通过窗体向导创建窗体

在向导的提示下，根据用户选择的数据源表或查询、字段、窗体的布局、样式自动创建窗体。通过窗体向导可以创建出更为专业的窗体，创建方法如下。

① 打开要创建窗体的数据库文件，选择"创建"选项卡，单击"窗体"栏中的 "窗体向导"按钮。

② 在打开的"窗体向导"对话框中，在"可用字段"框中选择需要的字段，单击右箭头按钮；

如果选择全部可用字段，单击双右箭头按钮。将选中的可用字段添加到"选定字段"列表框中，弹出如图 7.16 所示的对话框。

③ 单击"下一步"按钮，在对话框中选择合适的布局，如"纵栏表"布局，单击"下一步"按钮，弹出如图 7.17 所示的对话框。在对话框中选择合适的样式，单击"下一步"按钮，在弹出的对话框中输入标题，单击"完成"按钮即可。

图 7.16　"窗体向导"对话框　　　　图 7.17　"窗体向导"对话框

（3）创建分割窗体

分割窗体是 Access 2010 中的新增功能，特点是可以同时显示数据的两种视图，即窗体视图和数据表视图。创建分割窗体方法如下。

① 打开要创建窗体的数据库文件，选择"创建"选项卡，单击"窗体"栏中"其他窗体"中的"分割窗体"按钮。

② 系统自动创建出包含源数据所有字段的窗体，并以窗体和数据两种视图显示窗体，如图 7.18 所示。

图 7.18　创建的分割窗体

（4）创建多记录窗体

普通窗体中一次只显示一条记录，但是如果需要一个可以显示多个记录的窗体，就可以使用多项目工具创建多记录窗体，方法如下。

① 打开要创建窗体的数据库文件，选择"创建"选项卡，单击"窗体"栏中"其他窗体"中的"多个项目"按钮。

② 系统将自动创建出同时显示多条记录的窗体，如图 7.19 所示。

图 7.19　创建的多记录窗体

（5）创建空白窗体

创建空白窗体的方法如下。

① 打开要创建窗体的数据库文件，选择"创建"选项卡，单击"窗体"栏中的"空白窗体"按钮，创建出如图 7.20 所示的空白窗体。

图 7.20　创建的空白窗体

② 在窗口右侧显示的"字段列表"窗口中的"其他表中的可用字段"的列表中选择需要的字段。按住鼠标左键不放，将选择的字段拖动到空白窗体中将鼠标释放。添加完需要的字段后显示结果如图 7.21 所示。

图 7.21　添加完字段的空白窗体

（6）在设计图中创建窗体

在设计图中可以对窗体内容的布局等进行调整，而且可以添加窗体的页眉和页脚等部分，创建方法如下。

① 打开要创建窗体的数据库文件，选择"创建"选项卡，单击"窗体"栏中的"窗体设计"按钮，弹出如图 7.22 所示的带有网格线的空白窗体。

② 在窗体的右侧出现了"字段列表"窗格，在"其他表中的可用字段"列表框中选择需要的字段。将字段拖动到窗体中合适的位置，释放鼠标即可，如图 7.23 所示。

图 7.22　在"设计视图"中创建的窗体

图 7.23　把需要字段拖动到窗体中

③ 当把需要的字段都放到窗体后，单击界面右下方视图栏中的"窗体视图"按钮，就可以查看窗体中的内容了。

（7）对窗体的操作

用户可以对窗体进行操作，主要是指对控件的操作和对记录的操作。在窗体中的文本框、图像及标签等对象被称为控件，用于显示数据和执行操作，可以通过控件来查看信息和调整窗体中信息的布局。利用窗体还可以查看数据源中的任何记录，也可以对数据源中的记录进行插入、修改等操作。

① 控件操作。

控件操作主要包括调整控件的高度、宽度、添加控件和删除控件等。这些操作可以通过单击界面右下方视图栏中的"布局视图"按钮，在布局视图中进行，还可以单击"设计视图"按钮在设计视图中进行。

② 记录操作。

记录操作主要包括浏览记录、插入记录、修改记录、复制及删除记录等，通过这些操作就可以对数据源中的信息进行查看和编辑，这些操作通过窗体下方的记录选择器来完成，如图7.24 所示。

图 7.24　记录选择器

a. 浏览记录：选择记录选择器中的 ◄ 或 ► 按钮，就可以查看所有记录；选择 I◄ 或 ►I 按钮，就可以查看第一条记录或最后一条记录。

b. 插入记录：选择记录选择器中的 ►* 按钮，就会在表的末尾插入一个空白的新记录。

c. 修改记录：选择文本框控件中的数据，输入新的内容。

d. 复制记录：选择窗体左侧的 ► 按钮，选择需要复制的记录，单击鼠标右键，在弹出的快捷菜单中选择"复制"命令，切换到目标记录，还是在窗体左侧右键单击，在弹出的快捷菜单中选择"粘贴"命令，这样，源记录中每个控件的值都被复制到目标记录的对应控件中。

　　e. 删除记录：选择窗体左侧的 ▶ 按钮，选择要删除的整条记录，按"Delete"键或者单击"开始"选项卡中"记录"栏中的"删除"按钮。

2. 报表

创建报表的方法如下。

（1）快速创建报表

选择要用于创建报表的数据库文件，选择"创建"选项卡，单击"报表"栏中的"报表"按钮，系统就会自动创建出报表。

（2）创建空报表

创建空报表方法很简单，具体如下。

① 打开要创建报表的数据库文件，选择"创建"选项卡，单击"报表"栏中的"空报表"按钮。

② 系统创建出没有任何内容的空报表，可以按照在空白窗体中添加字段的方法为其添加字段，如图 7.25 所示。

图 7.25　添加了两个字段的报表

（3）通过向导创建报表

通过向导创建报表的方法如下。

① 打开要创建报表的数据库文件，选择"创建"选项卡，单击"报表"栏中的"报表向导"按钮。

② 在弹出的"报表向导"对话框中，在"可用字段"中选择需要的字段添加到"选定字段"中，单击"下一步"按钮，打开如图 7.26 所示的对话框。

③ 在分组级别对话框中，左侧的列表框中选择字段，单击 > 按钮将其添加到右侧的列表框中，这样，选择的字段就出现在右侧列表框中的最上面，如图 7.27 所示。

图 7.26　"报表向导"对话框　　　　图 7.27　"是否添加分组级别"对话框

④ 单击"下一步"按钮，打开"选择排序字段"对话框。

⑤ 在打开的对话框中选择合适的布局方式和方向，单击"下一步"按钮。

⑥ 在打开的"请确定报表的布局方式"对话框中选择合适的样式，单击"下一步"按钮。在打开的"请为报表指定标题"对话框中输入文本，单击"完成"按钮，完成报表的创建。

（4）在设计视图中创建报表

在设计视图中创建报表的方法如下。

① 打开要创建报表的数据库文件，选择"创建"选项卡，单击"报表"栏中的"报表设计"按钮，系统就会创建出带有网格线的窗体。

② 在窗体右侧出现"字段列表"窗格，从"字段列表"窗格中把需要的字段拖动到带有网格线的报表中。

③ 添加完后，单击视图栏中的"报表视图"按钮，切换到报表视图中就可以查看报表。

五、实验要求

（1）创建"学籍管理"数据库，其表结构如实验一中的表 7.1 所示。

（2）对学籍管理数据库创建窗体：任选上述方法中的一种来创建窗体。

（3）对学籍管理数据库创建合适的报表，在报表向导对话框中将要显示的"学号"、"姓名"、"性别"、"成绩"选中后单击两次"下一步"后，在所处对话框中选择按"本学期平均成绩"降序排列，如图 7.28 所示，单击"完成"后即可显示出报表结果。将该报表保存，并可打印输出。

图 7.28　报表结果排序

第8章
计算机网络与 Internet 应用基础

实验一　Internet 的接入与 IE 的使用

一、实验学时：2 学时

二、实验目的

- 掌握 Windows 7 下如何设置 IP 地址
- 掌握 Windows 7 下如何查看本机的 MAC 地址
- 掌握 IE 浏览器的基本操作
- 掌握如何保存网页上的信息
- 掌握 IE 浏览器主页的设置

三、实验内容及步骤

1. Windows 7 如何设置 IP 地址

（1）首先打开"控制面板"，依次单击"网络和 Internet"、"网络和共享中心"、"更改适配器设置"，结果如图 8.1 所示。

图 8.1　网络设置界面

（2）在"本地连接"上单击鼠标右键，在出现的菜单中选择"属性"，如图 8.2 所示。

图 8.2　"本地连接"界面

（3）在选择"属性"后弹出的窗口中，选择"Internet 协议版本 4（TCP/IPv4)"，如图 8.3 所示。

（4）单击"属性"按钮，或者双击"Internet 协议版本 4（TCP/IPv4)"，打开 IP 地址配置界面，如图 8.4 所示。

图 8.3　"本地连接"的"属性"窗口

图 8.4　"Internet 协议版本 4（TCP/IPv4)"属性窗口

（5）在打开的窗口里单击"使用下面的 IP 地址"，然后按照分配到的 IP 地址进行配置，单击"确定"按钮即完成了对 IP 地址的设置。

2. Windows 7 下如何查看、修改本机的 MAC 地址

网络设备中常需要查看本机的 MAC 地址，在这里基于 windows 7 系统来介绍怎样查看自己的本机的 MAC 地址。

（1）查看本机 MAC 地址的方式

按 Windows 键+R 键，弹出"运行"窗口，在"打开"后输入"CMD"，弹出 dos 命令运行窗口，在该窗口中输入"ipconfig /all"，如图 8.5 所示。

图 8.5　dos 命令运行窗口

然后按回车键，显示的一系列信息中找到"本地连接"，其中"物理地址"（Physical Address）就是本机的 MAC 地址，如图 8.6 所示。

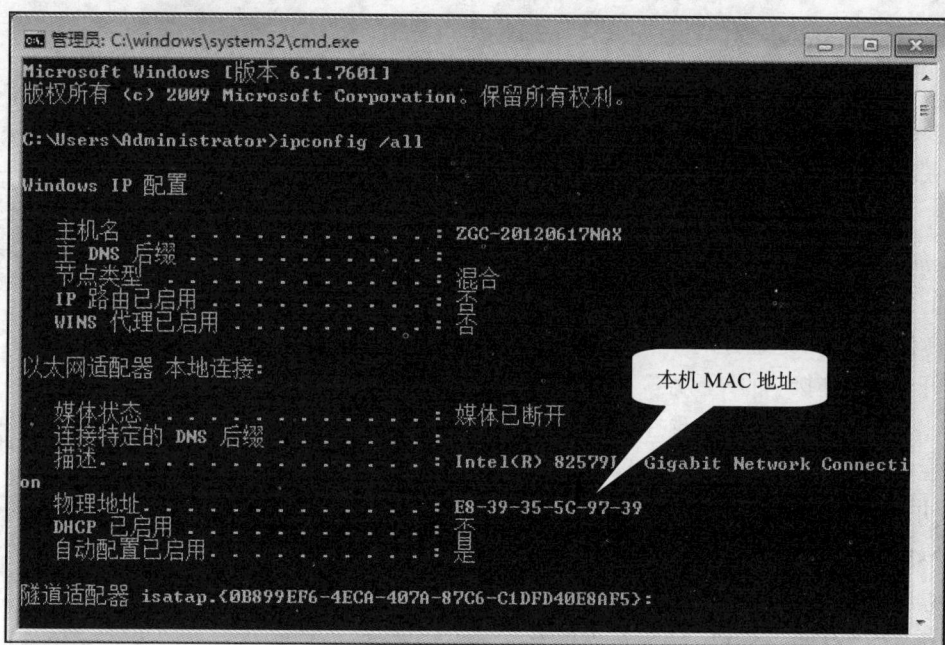

图 8.6　查看 MAC 地址

（2）查看无线网卡 MAC 地址

如果连接了无线网，无线路由器本身会记录无线网卡的 MAC 地址，可以通过无线路由器的设置查看 MAC 地址。

① 保证无线网处于连接中，可以从右下角的状态中看到，如图 8.7 所示。

图 8.7　无线网处于连接中标志

② 打开浏览器，输入"192.168.1.1"（路由器的地址，根据自身路由器有可能有不同），如图 8.8 所示。

③ 进入无线路由器登录页面，输入账号密码，一般是"admin"，如图 8.9 所示。

④ 进入无线设置，找到"IP 与 MAC 绑定"里面的"ARP 映射"，如图 8.10 所示。

图 8.8　浏览器中输入地址

图 8.9　无线路由器登录页面

图 8.10　无线设置页面

⑤ 找到本机对应的 IP，其对应的 MAC 地址即为本机无线 MAC 地址，如图 8.11 所示。

⑥ 如果无法辨别具体是哪个，可以把其他设备的无线暂时断开再查看。

（3）修改 MAC 地址方式

打开"本地连接"的"属性"窗口（见图 8.3），单击"配置"按钮，选择"高级"，选中左栏"属性"中的"Network Address"（其实，并非所有的网卡，对物理地址的描述都用"Network Address"，如 Intel 的网卡便用"Locally Administered Address"来描述，但只要在右栏框中可以找到"值"这个选项就可以了），然后选中右栏框"值"中的上面一个单选项（非"不存在"），此时便可在右边的框中输入想更改的网卡 MAC 地址，形式如"000B6AF6F4F9"，如图 8.12 所示，单击"确定"按钮，完成修改。

当然，除了这种修改方法外，还可以通过注册表修改，有兴趣的同学可以参考其他书籍。

3．IE 浏览器的使用

（1）启动 IE 浏览器

双击桌面上的 IE 浏览器图标 ，或者选择"所有程序"里的 Internet Explorer 命令，进入 IE 浏览器窗口。

图 8.11　本机无线 MAC 地址页面

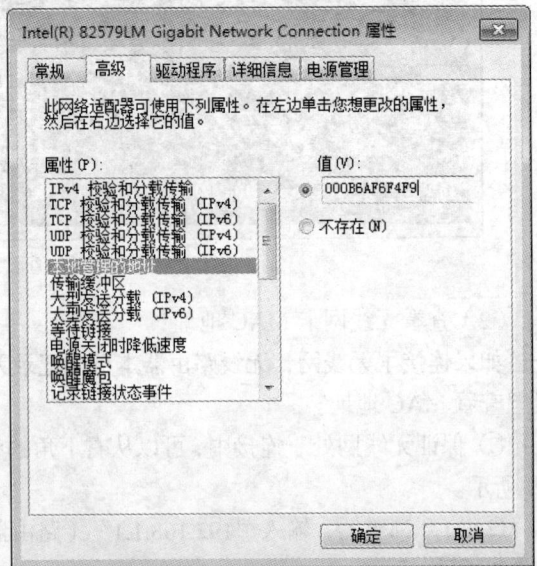

图 8.12　修改 MAC 地址

（2）浏览网页信息

在浏览器的"地址栏"中输入网络地址，访问指定的网站，这时请输入 http://www.baidu.com/，按 Enter 键，访问百度网站，如图 8.13 所示。

（3）收藏网页信息

收藏当前网页信息，如图 8.14 所示。

（4）设置浏览器主页

在浏览器窗口中，选择"工具"|"Internet 选项"命令，打开"Internet 选项"对话框，如图 8.15 所示，在常规选项卡中的"主页"选项区域中输入具体的网站地址，单击"确定"按钮。

图 8.13　百度网站

图 8.14　收藏百度网站

图 8.15　修改 IE 浏览器主页

实验二　电子邮箱的收发与设置

一、实验学时：2 学时

二、实验目的

● 掌握如何申请一个免费的电子邮箱
● 掌握如何进行简单的邮件管理
● 掌握如何在线收发电子邮件

三、实验内容及步骤

1．申请一个免费的电子邮箱

利用网易 126 免费邮申请一个免费的邮箱。

（1）在浏览器中输入 http://mail.126.com/，然后按下 Enter 键，进入网易 126 免费邮界面，如图 8.16 所示。

（2）单击图 8.16 中左侧的"注册"按钮，进入"网易 126 免费邮-选择用户名"窗口，按要求输入用户名，例如 jsjjc0001。

图 8.16　网易 126 免费邮首页

（3）单击"下一步"按钮，进入"网易 126 免费邮-填写用户资料"窗口，填写相应的用户资料，如图 8.17 所示。

（4）单击"我接受下面的条款，并创建帐号"按钮，进入"网易 126 免费邮-注册成功！"窗口。

图 8.17　填写用户资料

（5）单击"进入邮箱"链接，可直接进入申请的免费邮箱，如图 8.18 所示。

图 8.18　进入免费邮箱

2. 邮件的收发

（1）单击"收件箱"进入收件箱界面，查看所有收到的电子邮件列表，如图 8.19 所示。

图 8.19　收件箱窗口界面

（2）单击收件箱中某一个邮件主题，即可查看此邮件内容，例如单击主题为"欢迎你使用网易 126 免费邮！"的邮件，即可查看此邮件的具体内容，如图 8.20 所示。

图 8.20　查看邮件的具体内容

（3）单击"写邮件"，进入发送邮件界面，如图 8.21 所示。

图 8.21　发送邮件界面

（4）添加邮件附件。

在图 8.21 中，单击"添加附件"按钮，打开"插入附件"窗口，如图 8.22 所示。

单击"浏览"按钮，打开"选择文件"对话框，选择要作为邮件附件上传的文件，单击"打开"按钮即可返回图 8.22 所示界面，如有多个附件，可以单击图 8.22 所示的第二个"浏览"按钮，选择下一个邮件附件。

图 8.22　添加附件

然后单击"粘贴"按钮，把附件粘贴到"附件"列表中，接着单击"完成"按钮返回到图 8.21 所示的发送窗口。

（5）创建地址簿。

单击左侧的通讯录链接，进入通讯录的管理窗口，如图 8.23 所示，单击"新建联系人"按钮，进入新建联系人窗口，输入必须填写的信息和选择输入可选择填写的信息，填写完成后单击"确定"按钮，创建联系人成功，如图 8-24 所示。

图 8.23　选择新建联系人

图 8.24　创建联系人成功

第9章
信息安全与职业道德

实验　安装并使用杀毒软件

一、实验学时：2学时

二、实验目的

◆　安装杀毒软件及杀毒软件的启动和退出
◆　使用杀毒软件对计算机进行杀毒操作保护计算机安全

三、相关知识

反病毒软件同病毒的关系就像矛和盾一样，两种技术，两种势力永远在进行着较量。目前市场上有很多品种的杀毒软件，比如360安全卫士、瑞星杀毒软件、诺顿杀毒软件、江民杀毒软件、金山毒霸等。在本章的实验内容里，以360为例，介绍杀毒软件的安装及使用。

1．360安全卫士简介

360安全卫士是奇虎自主研发的软件，一款计算机安全辅助软件。360安全卫士拥有查杀木马、清理插件、修复漏洞、电脑体检等多种功能，并独创了"木马防火墙"功能，依靠抢先侦测和云端鉴别，可全面、智能地拦截各类木马，保护用户的账号、隐私等重要信息。目前木马威胁之大已远超病毒，360 安全卫士运用云安全技术，在拦截和查杀木马的效果、速度以及专业性上表现出色，能有效防止个人数据和隐私被木马窃取，被誉为"防范木马的第一选择"。360安全卫士自身非常轻巧，同时还具备开机加速、垃圾清理等多种系统优化功能，可大大加快计算机运行速度，内含的360软件管家还可以帮助用户轻松下载、升级和强力卸载各种应用软件。

360安全卫士8.6 beta主要功能更新如下。

【电脑门诊】在顶部的导航条上，能非常方便地运行电脑门诊解决电脑问题，并快捷地修复各类电脑问题，受到很多用户的喜爱。

【电脑清理】"一键清理"可以清理插件，同时把"清理插件"功能移放到了"电脑清理"下面，并可以和电脑中的垃圾文件、使用电脑产生的痕迹以及注册表中的多余项目一起进行一键清理，更方便优化系统。

【云查杀】优化主动防御服务的安装和开启速度。

2．360 安全卫士的安装

（1）启动 IE 浏览器。

双击桌面上的 IE 浏览器图标 ，或者选择"开始"|"所有程序"|"Internet Explorer"快捷方式，打开 IE 浏览器窗口。

（2）浏览网页信息。

在浏览器的"地址栏"中输入网络地址，访问指定的网站，这里请输入 http://www.360.cn，进入 360 安全中心的产品网站。360 网站界面如图 9.1 所示。

图 9.1 360 网站界面

（3）找到 360 安全卫士 v8.6，单击"免费下载"，在弹出的对话框中选择"保存"，把下载的杀毒软件的安装程序保存到本地磁盘上，完成软件的下载。该软件下载名称为 instbaidu.exe。

（4）下载完成后，进入"计算机"，找到下载的程序文件，双击杀毒软件的安装程序，安装该软件，如图 9.2 所示。

图 9.2 安装 360 杀毒软件

加载完成后，即出现如图 9.3 所示界面。

如果单击"快速安装"则将该软件安装在默认位置上，如果用户想自己指定安装位置，需要单击"自定义"按钮，出现如图 9.4 所示的界面，通过"浏览"按钮指定软件的安装位置。然后依次单击"下一步"即开始安装，如图 9.5、图 9.6 所示。安装结束，出现如图 9.7 所示界面。

图 9.3　安装界面

图 9.4　"自定义"安装界面

图 9.5　安装过程界面（一）

图 9.6　安装过程界面（二）

图 9.7　杀毒软件安装完毕

如果以前曾经安装过该软件的其他版本，则会出现如图 9.8 所示"覆盖安装"的界面。

图 9.8　"覆盖安装"界面

安装完成后在桌面的右下角出现了一个"360 安全卫士"的图标，双击这个图标即可打开 360 安全卫士软件，如图 9.9 所示，此时便可以对计算机进行快速扫描、全盘扫描及电脑门诊操作了。

图 9.9　360 安全卫士主界面

具体的设置不再赘述，读者可自行操作并体会。

第 10 章
程序设计基础

实验一　VB 6.0 程序设计初步

一、实验学时：2 学时

二、实验目的

◆　学会使用 VB 6.0 的开发环境

◆　掌握如何建立、编辑、运行一个简单的 VB 应用程序的全过程

◆　掌握变量的概念及使用

◆　掌握并理解各种控件的使用环境，并能够熟练设置控件的各种属性

◆　通过程序实践结合课堂例子，理解类、对象的概念，掌握属性、事件、方法的应用

三、相关知识

Visual Basic 采用的是事件驱动的编程机制，即对各个对象需要响应的事件分别编写出程序代码。这些事件可以是用户鼠标和键盘的操作，也可以是系统内部通过时钟计时产生，甚至由程序运行或窗口操作触发产生，因此，它们产生的次序是无法事先预测的。所以在编写 Visual Basic 事件过程时，没有先后关系，不必像传统的面向过程的应用程序那样，要考虑对整个程序运行过程的控制。完成应用程序的设计后，在其中增加或减少一些对象不会对整个程序的结构造成影响。例如，在一个窗体中增加或删除一个控件对象，对整个窗体的运行不会带来影响。

由于 Visual Basic 应用程序的运行是事件驱动模式，是通过执行响应不同事件的程序代码进行运行的，因此，就每个事件过程的程序代码来说，一般比较短小简单，调试维护也比较容易。

用 VB 6.0 进行开发应用程序的基本步骤如下。

（1）建立用户界面。

（2）设置属性。

（3）对象事件过程编写代码。进入代码窗口方法：

① 双击当前窗体（或某一控件）；

② 单击工程窗口的"查看代码"按钮；

③ 选择"视图"菜单中的"代码窗口"命令。

（4）保存和运行程序。

四、实验范例

用 VB 6.0 设计一个简单的用户登录界面，如图 10.1 所示。编写相应的代码，能够进行用户名和密码的录入，并进行程序的保存、装入和运行。

实验步骤如下。

（1）启动 VB 6.0。选择"开始"|"程序"|"Microsoft Visual Basic 6.0 中文版"|"Microsoft Visual Basic 6.0"启动 VB，即可进入到 VB 集成开发环境的界面。

（2）在 form1 中画出登录窗口：两个标签 lable1、lable2，两个文本框 text1、text2 和两个命令按钮 command1、command2。

（3）设置 6 个控件的属性如表 10.1 所示。

（4）编写两个命令按钮 command1 和 command2 的 click 事件的代码，如下。

```
Private Sub Command1_Click()
    If Text1.Text = "ABC" And Text2.Text = "123" Then
        MsgBox "欢迎使用本系统！"
    Else
        MsgBox "输入错误！请重新输入！"
        Text1.Text = ""
        Text2.Text = ""
        Text1.SetFocus
    End If
End Sub
Private Sub Command2_Click()
    End
End Sub
```

图 10.1 简单的用户登录界面

表 **10.1** 控件属性设置

控 件	属 性	值
Label1	caption	请输入用户名：
	font	宋体，粗体，小四
	autosize	true
	BackStyle	0-transparent
Label2	caption	请输入密码：
	font	宋体，粗体，小四
	autosize	true
	BackStyle	0-transparent
Text1	text	空
	font	宋体，粗体，小四
Text2	text	空
	font	宋体，粗体，小四
Command1	caption	确认
	font	宋体，粗体，小四
Command2	caption	取消
	font	宋体，粗体，小四

（5）保存程序。选择"文件"菜单中的"保存"命令（或单击工具栏上的"保存工程"按钮）。

保存完所有的窗体文件和标准模块文件后，显示"工程另存为"对话框，在该对话框中输入工程文件名。单击"保存"按钮或按回车键。

（6）装入程序。选择"文件"菜单中的"打开工程"命令，显示"打开工程"对话框，单击该对话框中的"最新"（或现存）选项卡。找到要打开的工程文件后，双击该文件。VB就将文件装入内存，此时工程资源管理器窗口中显示出当前程序的工程名和窗体名。

在工程资源管理器窗口选择窗体名字，单击窗口中的"查看对象"按钮，将显示窗体窗口；如果单击"查看代码"按钮，则显示程序代码窗口。

（7）运行程序。从菜单栏中选择"运行"菜单的"启动"命令，或按<F5>键，或者从工具栏中选择"启动"图标，均可开始程序的运行。

如果想终止程序的运行，可从菜单栏中选择"运行"菜单的"结束"命令，或从工具栏中选择"结束"图标。

五、实验要求

（1）熟悉 VB 开发环境的标题栏、菜单栏、工具栏、窗体窗口、属性窗口、工程资源管理器窗口、代码窗口、立即窗口、窗体布局窗口、工具箱窗口的位置以及用法。

（2）能够进行建立用户界面对象并进行对象属性的设置。

（3）能够进行变量的定义。

（4）能够对对象事件编程，并进行程序的保存和运行。

（5）能够运用 VB 6.0 进行程序开发，实现下述功能。

创建一个工程，在窗体 form 上画一个文本框 text1 和两个命令按钮 C1、C2，把两个命令按钮的标题分别设置为"隐藏文本框"和"显示文本框"，并在文本框中显示"VB 程序设计"（字体大小为 16）。

实验二　程序设计基础

一、实验学时：4 学时

二、实验目的

◆　了解程序设计过程

◆　熟悉 3 种基本程序结构

◆　使用 VB 6.0 编译环境进行程序设计

三、相关知识

结构化程序设计提出了顺序结构、选择（分支）结构和循环结构 3 种基本程序结构。一个程序无论大小都可以由 3 种基本结构搭建而成。

1. 顺序结构

顺序结构要求程序中的各个操作按照它们出现的先后顺序执行。这种结构的特点是：程序从入口点开始，按顺序执行所有操作，直到出口点处。顺序结构是一种简单的程序设计结构，它是最基本、最常用的结构，是任何从简单到复杂的程序的主体基本结构。

2. 选择结构

选择结构（也叫分支结构）是指程序的处理步骤出现了分支，它需要根据某一特定的条件选择其中的一个分支执行。它包括两路分支选择结构和多路分支选择结构。其特点是：根据所给定的选择条件的真（分支条件成立，常用 Y 或 True 表示）与假（分支条件不成立，常用 N 或 False 表示），来决定从不同的分支中执行某一分支的相应操作，并且任何情况下都有"无论分支多寡，必择其一；纵然分支众多，仅选其一"的特性。

选择结构语句有两种：if 结构条件语句和 select 语句。

3. 循环结构

所谓循环，是指一个客观事物在其发展过程中，从某一环节开始有规律地反复经历相似的若干环节的现象。循环的各子环节具有"同处同构"的性质，即它们"出现位置相同，构造本质相同"。程序设计中的循环，是指在程序设计中，从某处开始有规律地反复执行某一操作块（或程序块）的现象，并称重复执行的该操作块（或程序块）为它的循环体。

循环语句可以分为 3 种："当"型循环语句、"直到"型循环语句和"步长"型循环语句。

四、实验范例

1. 顺序结构

给定春、夏、秋、冬四幅图片，制作一个用户界面，界面由一个图片框和 4 个按钮——春、夏、秋、冬构成，如图 10.2 所示。在按下 4 个按钮中的任何一个的时候能够在图片框中显示出对应的季节图片，如图 10.3 所示。

图 10.2　form 窗口的组成图

图 10.3　运行界面图

4 个按钮的 click 事件的程序代码参考如下。

```
Private Sub Command1_Click()
  Image1.Picture = LoadPicture("H:\VB\图片\春.jpg")
End Sub
Private Sub Command2_Click()
    Image1.Picture = LoadPicture("H:\VB\图片\夏.jpg")
End Sub
Private Sub Command3_Click()
```

```
    Image1.Picture = LoadPicture("H:\VB\图片\秋.jpg")
End Sub
Private Sub Command4_Click()
    Image1.Picture = LoadPicture("H:\VB\图片\冬.jpg")
End Sub
```

2. 选择结构（一）——if 语句

输入 3 个数 a、b、c，输出三者之中最大者。

用户设计一个由两个按钮（开始、退出）构成的 form 窗口，如图 10.4 所示。

运行后，当用户按下开始键的时候，屏幕弹出窗口，要求用户依次输入 3 个数字，并在输入完成后在原有窗口显示用户输入的 3 个数字及 3 个数字的最大值。运行界面如图 10.5 所示。

图 10.4　form 窗口的组成图

图 10.5　运行界面图

2 个按钮的 click 事件的程序代码参考如下。

```
Private Sub Command1_Click()
    Dim m!, n!, p!, max!
    m = Val(InputBox("请输入第 1 个数："))
    n = Val(InputBox("请输入第 2 个数："))
    p = Val(InputBox("请输入第 3 个数："))
    max = m
    If n > max Then max = n
    If p > max Then max = p
    Print
    Print m; "、"; n; " 与 "; p; "之中最大值是: "
    Print
    Print max
End Sub

Private Sub Command2_Click()
    Image1.Picture = LoadPicture("H:\VB\图片\冬.jpg")
End Sub
```

3. 选择结构（二）——select 语句

从键盘上输入一个 0～6 的整数，然后在窗体中显示用中文表示的星期几。如果输入 0，显示"星期日"，输入 1，显示"星期一"等。运行界面如图 10.6 所示。

程序代码参考如下。

```
Private Sub Form_Click()
    Dim var
    var = InputBox("请输入一个数字(0～6)")
    If var <> "" Then
```

```
        Select Case Val(var)
            Case 0
                Print "星期日"
            Case 1
                Print "星期一"
            Case 2
                Print "星期二"
            Case 3
                Print "星期三"
            Case 4
                Print "星期四"
            Case 5
                Print "星期五"
            Case 6
                Print "星期六"
            Case Else
                Print "必须输入 0 ~ 6 中的一个数字! "
        End Select
    End If
End Sub
```

图 10.6　运行界面图

4. 循环结构（一）——"直到"型循环

计算 $s=1+2+3……+n$，当 n 等于几的时候，s 超过 10。

运行界面如图 10.7 所示。

"计算"按钮的 click 事件的程序代码参考如下。

```
Private Sub Command1_Click()
    Dim n As Integer
    Dim s As Single
    n = 1
    s = 0
    Do
        s = s + n
        n = n + 1
        Print "s="; s, "n="; n
    Loop Until s > 10
    Print "当n="; n; "的时候, s超过10"
End Sub
```

图 10.7　运行界面图

5. 循环结构（二）——步长型循环

计算 $1 ~ N$ 的奇、偶数之和。

设计一个由 3 个 lable 框（"请输入要计算的数"、"奇数和"、"偶数和"）3 个 text 框和一个命令按钮（"计算"）构成的 form 窗口，如图 10.8 所示。运行后，允许用户向"请输入要计算的数"后的 text 框输入要计算的最大的整数 N，单击计算后，在"奇数和"和"偶数和"后的 text 框中分别显示出 $1 ~$ 用户输入的 N 之间的所有奇数的和及所有偶数的和。运行界面如图 10.9 所示。

图 10.8　form 窗口的组成图

　　"计算"按钮的程序代码参考如下。

```
Private Sub Command1_Click()
    Dim i%, s1%, s2%
    s1 = 0
```

```
    s2 = 0
    For i = 2 To Text1.Text Step 2
        s2 = s2 + i
    Next i
    For i = 1 To Text1.Text Step 2
        s1 = s1 + i
    Next i
    Text2.Text = s1
    Text3.Text = s2
End Sub
```

图 10.9　运行界面图

五、实验要求

（1）熟悉 VB 开发环境的标题栏、菜单栏、工具栏、窗体窗口、属性窗口、工程资源管理器窗口、代码窗口、立即窗口、窗体布局窗口、工具箱窗口的位置以及用法。

（2）能够进行建立用户界面对象并进行对象属性的设置。

（3）熟悉各种控件的使用，并熟练掌握控件的属性的设置。

（4）能够进行变量的定义。

（5）能够对对象事件编程，并进行程序的保存和运行。

（6）熟悉程序设计中的 3 种程序结构，能够针对不同的应用选择相应的程序结构语句，编写程序代码。

（7）能够熟练运用程序设计中的 3 种结构来进行程序设计，独立完成下列任务。

① 编写程序，实现对用户输入的正整数 n 的阶乘的计算，并显示结果。

要求：用户界面由两个标签 label1 和 label2（caption 属性分别为"请用户输入正整数:"和"该正整数的阶乘="）、两个文本框 text1 和 text2（text 属性为空）和两个命令按钮 command1 和 command2（caption 属性分别为"计算"和"退出"）。运行时，用户在"请用户输入正整数:"后的文本框中输入一个正整数，单击"计算"按钮，能够在"该正整数的阶乘="后的文本框中显示出计算的结果，如图 10.10 所示。

② 建立如图 10.11 所示的应用程序用户界面，由用户输入的某职工的应发工资 x，计算各种票额钞票总张数最少的付款方法。

③ 建立如图 10.12 所示的应用程序用户界面。若基本工资大于等于 1600 元，增加工资 20%；若小于 1600 元，且大于等于 1200 元，则增加工资的 15%；若小于 1200 元，则增加工资的 10%。根据用户输入的基本工资，计算出增加后的工资。

图 10.10　计算正整数的阶乘　　　图 10.11　计算各种面额钞票张数　　　图 10.12　计算实发工资

第11章
网页制作

实验一　网站的创建与基本操作

一、实验学时：2 学时

二、实验目的

- 熟悉 Dreamweaver 8 的开发环境
- 了解网页与网站的关系
- 了解构成网站的基本元素
- 掌握在网页中插入图像、文本的方法
- 掌握网页中文本属性的设置方法
- 了解网页制作的一般步骤

三、相关知识

网站是由网页通过超级链接形式组成的。网页是构成网站的基本单位，当用户通过浏览器访问一个站点的信息时，被访问的信息最终以网页的形式显示在用户的浏览器中。网页上最常见的功能组件元素包括站标、导航栏、广告条。而色彩、文本、图片和动画则是网页最基本的信息形式和表现手段。

Dreamweaver 8 是 Macromedia 公司开发的专业网页制作软件，是当今比较流行的版本。它与 Flash 8 和 Fireworks 8 一起构成"网页三剑客"，深受广告网页设计人员的青睐。它不仅可以用来制作出兼容不同浏览器和版本的网页，同时还具有很强的站点管理功能，它是一款"所见即所得"的网页编辑软件，适合不同层次的人使用。

四、实验范例

制作一个简单的个人主页，如图 11.1 所示。

操作步骤如下。

1. 创建站点文件夹

创建网页前，先要为网页创建一个本地站点，用来存放网页中的所有文件。首先在本地计算机的硬盘上创建一个文件夹，如 D:\naonao，用来存放站点中的所有文件，并在该文件夹下创建一个子文件夹 image，用来存放站点中的图像。

图 11.1　个人主页图示

2．创建本地站点

启动 Dreamweaver 8，进入 Dreamweaver 8 的界面。单击菜单栏中的"站点"|"新建站点"，在弹出的"未命名站点 1 的站点定义为"对话框中单击"高级"标签，设置站点名称，如"白开水——呶呶的个人空间"。本地根文件夹和默认图像文件夹即为在步骤 1 中创建的文件夹，如 D:\naonao 和 D:\naonao\image，如图 11.2 所示。

图 11.2　创建本地站点

3. 新建文档

单击菜单栏中的"文件"|"新建"，或者按下<Ctrl>+<N>组合键，在弹出的"新建文档"对话框中选择创建一个 HTML 页面，即默认选项，单击"创建"按钮，即可创建一个网页文档。

4. 修改网页标题并保存文档

在文档工具栏的"标题"文本框中输入网页标题，如"欢迎进入呶呶的空间"，如图 11.3 所示。输入后，按下<Ctrl>+<S>组合键，在弹出的"另存为"对话框中，选择保存到本地站点的根目录下，并命名为 index，单击"保存"按钮，保存文档，文件名随即显示在应用窗口顶部标题栏的括号中。

图 11.3　设置网页的标题

5. 输入文本，设置网页的主题和导航条，并设置文本属性

在第一行输入网页的主题，如"白开水——呶呶的空间"，在"属性"面板中设置该文本的属性，如"白开水"3 个字的字体设置为华文彩云，大小 36 点数，文本颜色为#FF6666，"呶呶的个人空间"字体为宋体，大小为 18 点数，颜色为#FF9900。

按下回车键换行，将输入法调整到全角模式，依次输入"关于呶呶"、"呶呶的图片"、"呶呶的音乐"、"呶呶的作品"、"网络文摘"和"给我留言"作为站点页面的导航栏，在每个栏目之间输入一个空格。选中所输入的文本，在文本的"属性"面板中将字体设置为宋体，大小为 16 点数，颜色为#FF66CC，居中对齐，如图 11.4 所示。

图 11.4　导航条的设置

6. 插入图像

按下回车键换行，选择菜单栏中的"插入"|"图像"，弹出"选择源文件"对话框，从存放图像的文件夹下选择一个图像文件，如本例选择了 D:\naonao\image\naonao.gig 文件，单击"确

定"按钮。

7. 插入水平线，输入联系方式

按下回车键换行，单击菜单栏中的"插入"|"HTML"|"水平线"命令，在文档中插入水平线，并在"属性"面板中设置水平线的属性：宽度为 560 像素，高度为 1。再次按下回车键换行，输入文本"联系地址：郑州轻工业学院   邮政编码：450002   电话：0371—********"。选择所有刚刚输入的文字，在"属性"面板的样式下拉列表中选择 STYLE1，单击居中对齐按钮，将文本对齐到文档的中心。效果如图 11.5 所示。

图 11.5   图片的插入

8. 设置背景颜色

网页背景颜色默认为白色，如要修改网页背景颜色，可单击菜单栏中的"修改"|"页面属性"，或者按下<Ctrl> + <J>组合键，弹出"页面属性"对话框，在"分类"列表中选择"外观"选项，在右侧将"背景颜色"设置为自己喜欢的与网页整体协调的颜色，如图 11.6 所示。

图 11.6   背景颜色的设置

9. 创建超级链接

选中导航条中的相关文字，如"呶呶的音乐"，在属性面板的"链接"文本框中输入目标网页的确切路径名称，如"www.baidu.com"，或者单击"链接"文本框右侧的浏览按钮，在打开的"选择文件"的对话框中选择要链接的目标文件，单击"确定"按钮，即可创建链接。

10. 保存文件

按下<Ctrl> + <S>组合键保存文件。

至此，一个简单的个人主页就完成了。

五、实验要求

熟悉 Dreamweaver 8 的开发环境，掌握网站创建的一般步骤，并熟悉各种网页元素的添加、设置和使用，能够进行图片、文本的添加，并设置相应的属性。独立完成一个个人网站的创建。

实验二　网页中的表格和表单的制作

一、实验学时：2 学时

二、实验目的

◆　掌握使用表格来排版布局网页

◆　掌握对表格属性和单元格属性的设置方法

◆　掌握页面属性的设置方法

◆　掌握图像和文本的添加方法，并能设置其属性

◆　掌握表单和表单对象的插入方法及其属性的设置

◆　掌握超级链接的建立方法

◆　熟悉网站的创建和打开过程

三、相关知识

网页中，表格的基本操作有：插入表格、表格属性设置、单元格属性设置、表格的选取、添加删除行和列、合并拆分单元格和在表格中插入网页元素。

在页面中添加表单传递数据需要两个步骤，一是制作表单，二是编写处理表单提交的数据的服务器端应用程序或客户端脚本，通常是 ASP、JSP 等。

网站中最常见的表单应用是注册页面、登录页面等，也就是客户向服务器提交信息的场合。以申请论坛会员为例，用户填写好表单，单击某个按钮提交给服务器，服务器记录下用户的资料，并提示给用户操作成功的信息，还会返回给用户账号等信息，这时就成功完成了一次与服务器的交互，用户登录论坛时，要填写正确的账户和密码，提交给服务器，服务器审核正确后，才允许用户登录论坛，有时候还会分配给用户一些会员才有的权限。

四、实验范例

1. 使用表格制作网络图片欣赏页面

制作"呦呦的图片"的页面（见图 11.7），并与"白开水——呦呦的个人空间的主页"进行链接。操作步骤如下。

图 11.7 "呶呶的图片"页面

（1）打开站点

启动 Dreamweaver 8，进入 Dreamweaver 8 的操作界面，单击菜单栏中的"站点"|"管理站点"，在弹出的"管理站点"对话框中选择"白开水——呶呶的个人空间"，单击"完成"按钮，打开该站点，如图 11.8 所示。

（2）新建文档，修改网页标题，并保存

单击菜单栏中的"文件"|"新建"，新建一个网页文档，在"标题"文本框中输入"呶呶的收藏——精美图片"。按下<Ctrl> + <S>组合键，在弹出的"另存为"对话框中，选择保存到本地站点根目录下，并命名为 tupian，单击"保存"按钮，保存文档。

（3）插入表格

在菜单栏中选择"插入|"表格"，弹出"表格"对话框。将该对话框中的"行数"设置为 5，"列数"设置为 3，"表格宽度"设置为 609 像素，"边框粗细"设置为 0，"单元格边距"设置为 0，如图 11.9 所示。单击"确定"按钮，在"属性"面板的"对齐"下拉列表中选择居中对齐，将表格对齐到文档的中心，此表格标记为表格 1。

图 11.8 打开站点

图 11.9 插入表格

（4）合并单元格

选择表格的第一行，单击菜单栏中的"修改"｜"表格"｜"合并单元格"，将第一行的两个单元格合并为一个单元格，如图 11.10 所示。

图 11.10　合并单元格

（5）文本录入

将光标置于合并后的单元格中，输入文字"呶呶的图片"，并在"属性"面板中设置文本的属性：字体为华文彩云，加粗，大小为 36 像素，颜色为#FF00CC，对齐方式为居中。

（6）插入图片并录入文本

将光标置于第 2 行第 1 列中，选择菜单栏中的"插入"｜"图像"，弹出"选择图像源文件"对话框，从该文件夹下选择一个图像插入进来，调整图片的大小。

将光标置于第 2 行第 2 列中，输入与图片配套的诗词题目与作者，在"属性"面板中设置文本的属性：字体为隶书，加粗，大小为 18 像素，颜色为黑色，对齐方式为居中。在第 2 行第 3 列中，输入诗词的内容，并在"属性"面板中设置文本的属性：字体为隶书，大小 16 像素，颜色为黑色，对齐方式为居中。

用同样的方式，向第 3、4、5 行中插入图片，录入文本，并设置文本的格式，如图 11.11 所示。

图 11.11　表中图和文字的设置

（7）设置表格的背景与页面的背景

将鼠标置于表格边框上单击，下方将出现表格的"属性"面板。在属性面板中，设置背景颜色为#FFFFCC。

在页面任一空白处单击，在下方的"属性"面板中选择"页面属性"按钮，单击进入页面属性对话框，设置背景颜色与表格的背景颜色一样，为#FFFFCC，如图 11.12 所示。

（8）保存文件并浏览

按下<Ctrl> + <S>组合键保存文件。按下<F12>键，在浏览器中浏览，效果如图 11.7 所示。

（9）创建超级链接并保存

打开网页文件 index.html，单击菜单栏中的"窗口"|"文件"命令，或按<Ctrl> + <O>组合键，弹出"打开"对话框，从本地站点根目录下选择 index.html 文件，单击"打开"按钮，打开 index.html 文件。

在文档窗口中选择导航栏中的文本"呦呦的图片"，在属性面板中，单击"链接"文本框右侧的浏览按钮，在打开的"选择文件"对话框中选择链接的目标文件 tupian.html，如图 11.12 所示，单击"确定"按钮，在"属性"面板的"目标"下拉列表中选择链接的打开为"_blank"，按下<Ctrl> + <S>组合键保存。

图 11.12　页面背景颜色的设置

2. 使用表单制作会员注册页面

在登录网站的时候，常常会遇到需要用户注册个人信息，这种页面的制作需要用到表单。这里将用表单制作一个如图 11.13 所示的简单的会员注册页面。

制作步骤如下。

（1）创建本地站点

（2）新建文档并修改网页标题

新建一个 HTML 文档，在"标题"文本框中输入"填写注册信息_注册"。

（3）设置页面属性

单击菜单栏中的"修改"|"页面属性"命令，或按下<Ctrl> + <J>组合键，弹出"页面属性"对话框，在"分类"列表中选择"外观"选项，在右侧将"大小"设置为 12 像素，"文本颜色"设置为#003399，"背景颜色"设置为 # EBF2FA，"上边距"和"下边距"均设置为 0 像素，如图 11.14 所示。

（4）保存文档

按下<Ctrl> + <S>组合键，保存到本地站点根目录下，命名为 zhuce.html。

（5）插入表格

将光标置于文档窗口中，在菜单栏中选择"插入"|"表格"，弹出"表格"对话框。设置"行数"为1，"列数"为1，"表格宽度"为720像素，"边框粗细"为0，"单元格边距"为0，"单元格间距"为0，单击"确定"按钮。在"属性"面板中将表格对齐到文档中心，此表格标记为表格1。

图 11.13　一个简单的会员注册界面

图 11.14　页面设置图

（6）插入图片

将光标置于表格中，在菜单栏中选择"插入"|"图像"，弹出"选择图像源文件"对话框，找到图片所在文件夹，选择一个图片插入进来，并调整图片的大小。

（7）插入表单

将光标置于表格的右边，选择菜单栏中的"插入"|"表单"，即可在文档中插入显示为红色虚线框的表单，如图 11.15 所示。

图 11.15　表单的插入

（8）在表单中插入表格

将光标置于表单中，在菜单栏中选择"插入"|"表格"，弹出"表格"对话框。设置"行数"为 10，"列数"为 3，"表格宽度"为 480 像素，"边框粗细"为 0，"单元格边距"为 0，"单元格间距"为 5，单击"确定"按钮。在"属性"面板中将表格对齐到文档中心，此表格标记为表格 2，如图 11.16 所示。

图 11.16　在表单中插入表格

（9）输入文本

将光标置于表格 2 的第 1 行第 1 列中，输入文本"用户名："，并调整好单元格的宽度。文本右对齐。同样在第 1 列下边的 7 行中分别输入相应文本，如图 11.17 所示，并将第 1 列的文本对齐到单元格的右侧。

图 11.17　表单中表格第一列的设置

（10）插入单行文本域，设置文本域的属性

将光标置于第 1 行第 3 列中，在菜单栏中选择"插入"|"表单"|"文本域"，在表单中插入一个单行文本域。在"属性"面板中将"字符宽度"设置为 20，"最多字符数"设置为 12，如图 11.18 所示。

图 11.18　文本域的设置

（11）插入单选按钮，并添加图像和文本

将光标置于第 2 行第 3 列中，在菜单栏中选择"插入"|"表单"|"单选按钮"，在表单中插入一个单选按钮。在"属性"面板中将"初始状态"设置为"已勾选"。

将光标置于单选按钮后，单击菜单栏选择"插入"|"图像"，插入一个小图标，接着输入一个空格，在空格后边输入"男"，如图 11.19 所示。

重复上述操作，插入另一个单选按钮，在"属性"面板中将"初始状态"设置为"未选中"，并添加图像和文本，设置文本为"女"。

图 11.19　单选按钮的插入及设置

（12）插入密码域

将光标置于第 3 行第 3 列中，在菜单栏中选择"插入"|"表单"|"文本域"，在表单中插入一个单行文本域。在"属性"面板中将"字符宽度"设置为 20，"最多字符数"设置为 18，选择"密码"类型，如图 11.20 所示。

第 4 行第 3 列做相同的操作。

图 11.20　密码域的设置

（13）插入复选框

将光标置于第 5 行第 3 列中，在菜单栏中选择"插入"|"表单"|"复选框"，在表单中插入一个复选框。将光标置于复选框后，输入文本"文学"。

在文本"文学"后，重复上述步骤，插入 4 个复选框，并输入相应文本，如图 11.21 所示。

（14）插入单行文本域

重复步骤（9）的操作，分别在第 6、7、8 行的第 3 列中各插入一个单行文本框，在"属性"面板中将"字符宽度"设置为 20，"最多字符数"设置为 30。对于第 8 行第 3 列的单行文本框，在"属性"面板中在"文本域"中输入 email，并在"初始值"文本框中输入符号@，如图 11.22 所示。

图 11.21　复选框的插入

图 11.22　插入电子邮件地址文本域

（15）插入注册按钮和清除按钮

将光标置于第 10 行第 3 列中，在菜单栏中选择"插入"|"表单"|"按钮"，在表单中插入一个按钮。在"属性"面板中将"值"设置为"注册"，其余设置保持默认不变。

将光标置于注册按钮后，输入法设置为全角，输入两个连续的空格，重复上一步骤，再次插入一个按钮，设置"属性"面板中的"值"为"清除"，"动作"为"重设表单"，如图 11.23 所示。

图 11.23　注册按钮与清除按钮的设置

至此，一个简单的会员注册页面就完成了。

五、实验要求

熟悉掌握表格的添加、设置方法，掌握表单及表单元素的添加和设置方法，能够独立运用表格和表单的相关技术来排版布局网页，并创建一个新会员注册网页，链接到实验一的个人网站中。

实验三　框架网页的创建

一、实验学时：2 学时

二、实验目的

◆　了解框架集与框架的概念

◆　学会使用上方固定、左侧嵌套的框架结构创建一个网站

◆　通过实践结合课堂例子，掌握框架集与框架的应用

三、相关知识

框架是指浏览器窗口被分为几个区域分别显示不同的内容的页面布局方式。

与表格布局不同的是，框架是将浏览器窗口分为几个不同的区域，在不同的区域中可以显示不同的网页文档的内容，从而可以对每个区域中显示的内容单独控制，并且在页面上某个区域的内容发生改变时，其他区域的内容可以保持不变。

框架集文件简单地说就是框架的集合，它记录了页面内的每一个框架的信息，它们如何在页面中显示，以及每个框架中要显示的页面的链接。

一个框架集文件用<frameset>标签标识，它包括了其中的框架的大小和位置等信息，一个框架用<frame>标签标识，它包括了要在这个框架中显示的页面的链接和其他一些信息。

四、实验范例

创建一个如图 11.24 所示的简单的个人网上书屋。

图 11.24　框架结构制作的简单的网上书屋页面

创建步骤如下。

（1）创建本地站点

（2）新建框架集

单击菜单栏中的"文件"|"新建"，在弹出的"新建文件"对话框的"类别"列表中选择"框架集"选项，右侧将显示出框架集的设置类型，从中选择"上方固定，左侧嵌套"的框架结构，如图 11.25 所示。单击"创建"按钮，即可创建框架集页面。

（3）保存文档，修改网页标题

在菜单栏中单击"文件"|"保存全部"，在弹出的"另存为"对话框中，将文件命名为all_start.html，并保存在本地站点的根目录下。

在文档窗口中选择框架集，并在"标题"文本框中输入"呦呦的书屋"。

（4）制作上方框架中的网页

① 设置页面属性。将光标置于上方框架中，在菜单栏中单击"修改"|"页面属性"，或按下

<Ctrl>+<J>组合键，弹出"页面属性"对话框，在"分类"列表中选择"外观"选项，在右侧将"背景颜色"设置为#318E94，"上边距"和"下边距"设置为0，如图11.26所示。

② 插入图像。在菜单栏中单击"插入"|"图像"，从弹出的"选择图像源文件"对话框中插入一幅图像，单击"确定"按钮。

（5）制作左框架中的网页

① 设置页面属性。将光标置于上方框架中，在菜单栏中单击"修改"|"页面属性"，或按下<Ctrl>+<J>组合键，弹出"页面属性"对话框，在"分类"列表中选择"外观"选项，在右侧将"背景颜色"设置为#318E94，"上边距"和"下边距"设置为0，如图11.26所示。

② 录入文本，并调整左框架大小。依次录入"文学"、"社科"、"生活"、"外语"、"计算机"等文本作为图书的分类目录，在属性面板中设置文本属性：字体为隶书，大小18像素，颜色#FFFFFF。

利用鼠标向右拖动左边框架边框，改变左框架的大小，以适应文字的大小。

③ 设置左框架的属性。按住<Alt>键，同时在左框架中单击鼠标，选择左框架，在"属性"面板中将"滚动"设置为"自动"，如图11.27所示。

图11.25　新建框架集

图11.26　上方框架的页面属性设置

图11.27　左框架属性的设置

（6）框架中的页面

① 设置页面属性。将光标置于上方框架中，在菜单栏中单击"修改"|"页面属性"，或按下<Ctrl>+<J>组合键，弹出"页面属性"对话框，在"分类"列表中选择"外观"选项，在右侧将"背景颜色"设置为#6DCACF。

② 插入表格。将光标置于右框架中，在菜单栏中单击"插入"|"表格"，弹出"表格"对话框，设置"行数"为3，"列数"为1，"表格宽度"为480像素，"边框"为0，"间距"为0，"填充"为0。单击"确定"按钮，创建表格。在"属性"面板的"对齐"下拉列表中选择"居中对齐"，将表格对齐到文档中心。

③ 填充表格。在表格的第1行输入文本"文学书籍"，设置文本属性：字体为隶书，大小36像素，颜色为黑色，居中对齐。

在表格第2行插入一个文学方面书籍的图片。

在表格第3行录入一些推荐的书目信息，并设置相应的文本格式，如图11.28所示。

图 11.28　右侧框架网页

④ 保存该框架页面。在菜单栏中单击"文件"｜"框架另存为",将文件命名为 r1.html,保存在本地站点的根目录下。

⑤ 重复步骤（1）~（4）,制作右框架中的其他网页 r2.html ~ r8.html。

（7）创建链接

在左侧框架中选中文本"文学",在"属性"面板的"链接"文本框中输入"r1.html","目标"设置为"mainframe",创建左侧框架页面与右侧框架页面的链接。

相同的方式,可以创建"社科"与 r2.html 的链接等,如图 11.29 所示。

图 11.29　链接的创建

至此,一个框架网页集就基本完成了。

五、实验要求

了解框架集与框架的概念,能够独立使用上方固定、左侧嵌套的框架结构创建一个学科介绍网站,使用户可以在左侧框架选择自己要关注的学科,在右侧框架中将该学科的情况做简单介绍。

第 12 章
常用工具软件

实验一 Symantec Ghost 与 FinalData

一、实验学时：1 学时

二、实验目的

◆ 熟悉一键 GHOST V2011.07.01 的使用方式

◆ 能够使用一键 GHOST V2011.07.01 进行系统盘的一键备份和一键恢复

◆ 能够使用一键 GHOST V2011.07.01 进行硬盘克隆与备份以及分区备份

◆ 能够使用一键 GHOST V2011.07.01 还原备份

◆ 熟悉数据恢复工具 FinalData 的使用方法

◆ 能够使用数据恢复工具 FinalData 进行文件扫描

◆ 能够使用数据恢复工具 FinalData 进行文件恢复、邮件恢复等

◆ 能够使用数据恢复工具 FinalData 的文件恢复向导

三、相关知识

　　GHOST 是赛门铁克公司推出的一个用于系统、数据备份与恢复的工具，是备份系统常用的工具。它可以把一个磁盘上的全部内容复制到另外一个磁盘上，也可以把磁盘内容复制为一个磁盘的镜像文件，以后可以用镜像文件创建一个原始磁盘的拷贝。它可以最大限度地减少安装操作系统的时间，并且多台配置相似的计算机可以共用一个镜像文件。

　　FinalData 是一款威力非常强大的数据恢复工具，当文件被误删除（并从回收站中清除）、FAT 表或者磁盘根区被病毒侵蚀造成文件信息全部丢失、物理故障造成 FAT 表或者磁盘根区不可读，以及磁盘格式化造成的全部文件信息丢失之后，FinalData 都能够通过直接扫描目标磁盘抽取并恢复出文件信息（包括文件名、文件类型、原始位置、创建日期、删除日期、文件长度等），用户可以根据这些信息方便地查找和恢复自己需要的文件。甚至在数据文件已经被部分覆盖以后，专业版 FinalData 也可以将剩余部分文件恢复出来。

四、实验范例

1. 一键 GHOST V2011.07.01 的使用

（1）下载并安装一键 GHOST V2011.07.01 并运行。

从网站下载一键 GHOST V2011.07.01 硬盘版，安装后双击桌面上的"一键 GHOST"图标，弹出"一键备份系统"对话框。

（2）使用一键 GHOST V2011.07.01 进行系统的备份和恢复：一键备份系统与一键恢复系统。

（3）使用一键 GHOST V2011.07.01 进行手动备份操作系统，分别对整个硬盘和分区硬盘进行备份，以熟悉该软件的使用。

（4）使用一键 GHOST V2011.07.01 进行还原操作。

具体操作方式请参阅配套主教材。

2. 数据恢复工具 FinalData 的使用

（1）下载安装 FinalData 并运行。

用户可以通过其官方网站 www.finaldata.com 下载最新版本。安装后，打开软件弹出 FinalData 用户界面。

（2）使用数据恢复工具 FinalData 进行文件扫描。

（3）使用数据恢复工具 FinalData 进行文件恢复、邮件恢复等。

（4）使用数据恢复工具 FinalData 的文件恢复向导。

具体操作方式请参阅配套主教材。

五、实验要求

（1）能够独立操作一键 GHOST V2011.07.01 软件与 FinalData 完成上述实验。

（2）通过实验，区分在使用一键 GHOST V2011.07.01 软件进行备份和恢复时一键操作与手动操作的不同之处。

（3）通过对数据恢复工具 FinalData 的使用，了解各种数据恢复方法的操作方式及使用环境，熟练掌握其操作方式。

实验二　WinRAR

一、实验学时：1 学时

二、实验目的

◆ 学会使用 WinRAR 进行文件的压缩
◆ 学会使用 WinRAR 进行文件的解压缩

三、相关知识

WinRAR 是当前流行的压缩工具，其压缩文件格式为 RAR，完全兼容 ZIP 压缩文件格式，压缩比例比 ZIP 文件要高出 30% 左右，同时可解压 CAB、ARJ、LZH、TAR、GZ、ACE、UUE、

BZ2、JAR、ISO 等多种类型的压缩文件。WinRAR 的功能包括强力压缩、分卷、加密、自解压模块、备份简易。

安装完后，执行"开始"|"程序"|WinRAR| WinRAR 命令，即可以打开程序。

四、实验范例

本实验将以 WinRAR 为例，介绍文件的压缩、解压缩的方式。

WinRAR 4.11 版大小为 1.6MB。

下载（或从其他渠道复制）来的 WinRAR 4.11 版安装程序是一个自解压程序。双击它运行后，出现如图 12.1 所示的窗口。

可以在上边选择安装的文件夹位置，默认（不选择）位置为 C:\Program Files\WinRAR，单击"安装"，在出现的安装选项窗口中单击"确定"按钮，如图 12.2 所示。再在出现的注册窗口中单击"完成"，如图 12.3 所示，就可以把程序解压缩到指定的文件夹中了，安装完毕。

图 12.1　WinRAR 的安装窗口一

图 12.2　WinRAR 的安装窗口二

图 12.3　WinRAR 的安装窗口三

具体操作步骤如下。

（1）单击"所有程序"里的"WinRAR"下的"WinRAR"图标，即可进入 WinRAR 运行主界面，如图 12.4 所示。

（2）压缩文件。

① 选取"命令"菜单中的"添加文件到压缩文件中"或单击工具栏上的"添加"按钮，屏幕将出现如图 12.5 所示"压缩文件名和参数"对话框。

图 12.4　WinRAR 主界面

② 在"常规"选项卡下的"压缩文件名"下的文本框中直接输入压缩后的文件名，则压缩后的文件以该文件名保存在默认文件夹中。也可以通过"浏览"按钮选择保存路径。以在桌面上保

存"十二五规划教材.rar"为例，如图 12.6 所示。

图 12.5 "压缩文件名和参数"对话框

图 12.6 设置范例

③ 单击"确定"按钮，则开始压缩，中间过程如图 12.7 所示，压缩结束则在桌面上有一个"十二五规划教材.rar"文件。

图 12.7 压缩过程

（3）解压缩文件。

① 首先选中要解压的文件并双击，再选取"命令"菜单中的"解压到指定文件夹"或单击工具栏中的"解压到"按钮，屏幕将出现如图 12.8 所示的"解压路径和选项"对话框。

② 系统在"目标路径"中输入默认的解压路径，可以在文本框中输入文件存放路径，也可在右边的窗口中进行选择，单击"确定"按钮即可。

五、实验要求

能够独立使用 WinRAR 进行文件的压缩和解压缩。

图 12.8 "解压路径和选项"对话框

实验三　迅雷 V7

一、实验学时：1 学时

二、实验目的

◆　能够使用迅雷 V7 进行网络资源的下载

三、相关知识

下载的最大问题是什么——速度，其次是什么——下载后的管理。

迅雷是一款基于多资源线程技术的下载工具，能够将存在于第三方服务器和计算机上的数据文件进行有效整合，通过这种先进的超线程技术，用户能够以更快的速度从第三方服务器和计算机获取所需的数据文件。

四、实验范例

使用迅雷 V7 进行文件的下载。

1. 使用迅雷 V7 搜索下载网络资源

（1）双击桌面上的"迅雷 V7"图标，即可启动迅雷。

（2）在迅雷 V7 的界面中，在搜索栏中输入想要下载的文件名，例如"变形金刚"，然后单击放大镜或者按<Enter>键进行搜索，如图 12.9 所示。

（3）搜索跳转至如图 12.10 所示页面。

图 12.9　搜索栏

图 12.10　搜索结果页面

（4）选择需要下载的内容，单击"免费下载"按钮，跳转至"迅雷大全"下载资源页面，选中下载内容，页面会显示文件大小信息，然后单击"下载选中文件"按钮，开始下载任务。

（5）用户可单击"下载管理"选项中的"正在下载"查看正在下载的任务，如图 12.11 所示。用户还可以单击"暂停"按钮暂停下载任务，或者单击"删除"按钮删除任务，对误删除的任务可以在垃圾箱中查看，并可单击"还原"还原任务。

图 12.11　下载管理

2. 在其他网页中下载文件

（1）用户可以使用迅雷方便快捷地下载网络资源，以下载百度 MP3 为例，右键单击要下载的歌曲地址，在弹出的右键菜单中选择"使用迅雷下载"命令，如图 12.12 所示。

（2）弹出"新建任务"窗口，选择保存路径，并单击"立即下载"即可开始下载该音乐文件，如图 12.13 所示。

图 12.12　歌曲下载

图 12.13　新建下载任务

用户还可以通过右键菜单中的"使用迅雷下载全部链接"来下载更多网络资源。

3. 批量下载

（1）迅雷同时提供了批量下载功能，可以方便地创建多个包含共同特征的下载任务。启动迅雷 V7，单击主界面右上角的小三角，出现如图 12.14 所示的选项菜单。

（2）选择"新建下载"，弹出"新建任务"窗口，这时可以在"输入下载 URL"文本框中输入想要下载的 URL 地址下载单个任务，也可单击"按规则添加批量任务"，进行批量下载。

（3）单击"按规则添加批量任务"后弹出"批量任务"对话框，如图 12.15 所示。

图 12.14 选择批量下载菜单

图 12.15 "批量任务"对话框

五、实验要求

能够独立使用迅雷 V7 的各种方法进行文件的下载，并比较各种下载方法的异同。

实验四 HyperSnap-DX 的使用

一、实验学时：1 学时

二、实验目的

◆ 学习屏幕抓图软件 HyperSnap-DX 的使用方法
◆ 能够进行全屏捕捉，并保存捕捉的图片
◆ 能够进行窗口的捕捉，并保存捕捉的图片
◆ 能够进行选定区域的捕捉，并保存捕捉的图片

三、相关知识

HyperSnap-DX 是个屏幕抓图工具，它不仅能抓取标准桌面程序，还能抓取 DirectX、3Dfx Glide 游戏和视频或 DVD 屏幕图。能保存为 BMP、GIF、JPEG、TIFF、PCX 等 20 多种图片格式，可使用热键或自动计时器从屏幕上抓图；还可以在所抓的图像中显示鼠标轨迹，拥有收集工具，有调色板功能并能设置分辨率，直接从 TWAIN 装置中（扫描仪和数码相机）抓图等。

四、实验范例

使用 HyperSnap-DX 抓图。

（1）运行 HyperSnap-DX，进入运行主界面

（2）设置捕捉快捷键和图像分辨率

在 HyperSnap-DX 运行窗口中，单击"捕捉"菜单，执行"屏幕捕捉快捷键"命令，在弹出的"屏幕捕捉快捷键"对话框中根据使用习惯设置相应的热键，并选中"启用快捷键"复选框，

如图 12.16 所示。

单击"文字捕捉"菜单，执行"文字捕捉快捷键"命令，在弹出的"文字捕捉快捷键"对话框中设置相应的快捷键，并选中"启用快捷键"复选框。

单击"选项"菜单，执行"默认图像分辨率"命令，在弹出的"图像分辨率"对话框的"水平分辨率"和"垂直分辨率"文本框中，输入数字 200，并选中"用作未来从屏幕捕捉的图像的默认值"复选框，如图 12.17 所示。

（3）设置图像保存方式及光标指针

在 HyperSnap-DX 运行窗口中，单击"捕捉"菜单，执行"捕捉设置"命令，在弹出的"捕捉设置"对话框中打开"快速保存"选项卡。然后，选中该选项卡中"自动保存每次捕捉的图像到文件"复选框，并单击"更改"按钮，选择图片保存文件夹，填入文件名称，选择要保存的图片类型，单击"保存"按钮，如图 12.18 所示。

在"捕捉设置"对话框中，打开"捕捉"选项卡，然后选中该选项卡中的"包括光标图像"复选框，如图 12.19 所示。此时捕捉的图像中将显示光标指针，若要隐藏光标指针，取消选中该复选框即可。

图 12.16　设置屏幕捕捉快捷键

图 12.17　设置图像分辨率

图 12.18　设置图像保存方式

图 12.19　设置光标指针

（4）捕捉媒体播放器中的图像

使用 HyperSnap-DX 连续捕捉 RealPlayer 播放器中播放的图像，并保存到指定文件夹中，文件名依次为 snap1、snap2...具体操作步骤如下。

① 在 HyperSnap-DX 运行窗口中，单击"捕捉"菜单，执行"捕捉设置"命令，在弹出的"捕捉设置"对话框的"快速保存"选项卡中选中"自动保存每次捕捉的图像到文件"复选框，单击

"更改"按钮，选择图片保存文件夹，填入文件名称，选择要保存的图片类型，单击"保存"按钮，如图 12.20 所示。

② 单击"捕捉"菜单，执行"启用视频或游戏捕捉"命令，在弹出的"启用视频和游戏捕捉"对话框中选中"视频捕捉（媒体播放器、DVD 等）"和"游戏捕捉"两个复选框，并单击"确定"按钮，如图 12.21 所示。

图 12.20　设置保存文件夹

图 12.21　启用视频捕捉

③ 用 RealPlayer 播放要捕捉的文件。在播放过程中，按下键盘的<Scroll Lock>键捕捉图像，每按一次该键，就捕捉一幅图片并自动保存到指定文件夹中，如图 12.22 所示。

图 12.22　捕捉的图片

五、实验要求

能够熟练使用 HyperSnap-DX 进行各种屏幕抓图操作，并保存图片。

第二部分
习题解答

第1章
计算机与信息技术基础习题参考答案

1. 一个完整的微机系统包括硬件系统和软件系统两大部分。硬件包括计算机的基本部件和各种具有实体的计算机相关设备；软件则包括用各种计算机语言编写的计算机程序、数据和应用说明文档等。

软件系统可分为系统软件和应用软件两大部分。系统软件是为使用者能方便地使用、维护、管理计算机而编制的程序的集合，它与计算机硬件相配套，也称之为软设备。系统软件主要包括对计算机系统资源进行管理的操作系统软件，对各种汇编语言和高级语言程序进行编译的语言处理软件和对计算机进行日常维护的系统服务程序或工具软件等。应用软件则主要面向各种专业应用和某一特定问题的解决，一般指操作者在各自的专业领域中为解决各类实际问题而编制的程序。在计算机科学中将连接各部件的信息通道称为系统总线（BUS，简称总线），并把通过总线连接各部件的形式称为计算机系统的总线结构，分为单总线结构和多总线结构两大类。

2. 存储器分为3层：主存储器（Memory）、辅助存储器（Storage）和高速缓冲存储器（Cache）。主存储器又称内存，CPU 可以直接访问它，其容量一般为 512M～2GB，新产品的存取速度可达 6ns（1ns 为十亿分之一秒），主要存放将要运行的程序和数据。微机的主存采用半导体存储器，其体积小，功耗低，工作可靠，扩充灵活。辅助存储器属外部设备，又称为外存，常用的有磁盘、光盘、磁带等。通过更换盘片，容量可视作无限，主要用来存放后备程序、数据和各种软件资源。但因其速度低，CPU 必须先将其信息调入内存，再通过内存使用其资源。

3. 微型计算机的升级换代主要有两个标志，微处理器的更新和系统组成的变革。

4. 计算机中用来表示存储器容量大小的最基本单位是字节（Byte）。1B 需要一个地址，那么一根地址总线访存容量为 2B，两根地址总线访存容量为 2 的 2 次方，即 4B，一个 CPU 有 N 根地址线，则可以说这个 CPU 的地址总线的宽度为 N。这样的 CPU 最多可以寻找 2 的 N 次方个内存单元。KB 指千字节，即 1KB=1024B；MB 指兆字节，即 1MB=1024KB；GB 指 G 字节，即 1GB=1024MB。

5. 其真值为-10

　+1100101B=101D

　8421BCD 码为：0001 0000 0001

6. $(2746.12851)_{10} = (101010111010.00100)_2$；

　$(2746.12851)_{10} = (5272.10163)_8$；

　$(2746.12851)_{10} = (ABA.20E60)_{16}$。

7. +102

　二进制：1100110　原码：01100110 反码：　01100110 补码：01100110

−103

二进制：−1100111　原码：11100111　反码：10011000　补码：10011001

8.　$(123.625)_{10}=(0.1111011101 \times 2^{111})_2$

浮点格式：000001110 11110111010000000000000

9.　$(−110.0101)_z=(−0.1100101 \times 2^{−011})_2$

浮点格式：111111011001101100000000000000000

10.　汉字在计算机内部存储、传输和检索的代码称为汉字内码，汉字输入码到该代码的变换由代码转换程序来完成。

第2章
操作系统基础习题参考答案

一、选择题

1. B 　2. A 　3. B 　4. C 　5. B

二、填空题

1. 还原 　2. 复制 　3. Ctrl 　4. .txt

三、思考题

1. 定义：操作系统不但是计算机硬件与其他软件的接口，而且也是用户和计算机的接口。

作用：操作系统作为计算机系统的管理者，它的主要功能是对系统所有的软、硬件资源进行合理而有效的管理和调度，提高计算机系统的整体性能。

2. DOS（Disk Operating System）即磁盘操作系统，从 1983 年到 1998 年，美国 Microsoft 公司先后推出了 Windows 1.0、Windows 2.0、Windows 3.10、Windows3.21、Windows NT、Windows 95、Windows 98 等系列操作系统，2001 年，Microsoft 公司推出了 Windows XP，2000 年，Microsoft 公司推出了 Windows 2000 的英文版，2005 年，Microsoft 公司又在 Windows XP 的基础上推出了 Windows Vista，2009 年 10 月 22 日微软于美国正式发布 Windows 7 作为微软新的操作系统。

3. 目前，Windows 7 的安装盘有很多版本，不同安装盘的安装方法也不一样。一般是用光盘启动计算机，然后根据屏幕的提示即可进行安装。

4. 中文 Windows 7 的启动：打开电源，系统自动启动 Windows 7，启动后在屏幕上会出现一个对话框，等待输入用户名和口令。输入正确后，按回车键即可进入 Windows 7 操作系统。中文 Windows 7 的关闭：选择桌面左下角的"开始"按钮，然后选择"关闭"，即开始关机过程。在关闭过程中，若系统中有需要用户进行保存的程序，Windows 会询问用户是否强制关机或者取消关机。

5. 桌面由桌面背景、图标、任务栏、"开始"按钮、语言栏和通知区域组成。桌面上放置有各式各样的图标，如"我的文档"、"我的电脑"、"网上邻居"、"回收站"和"Internet Explorer"图标。

6. （1）复制文件

方法一：先选择"编辑"|"复制"（也可用<Ctrl>+<C>组合键），然后转换到目标位置，选择"编辑"|"粘贴"（也可用<Ctrl>+<V>组合键）。

方法二：用鼠标直接把文件拖动到目标位置松开即可（如果是在同一个磁盘内进行复制的，则在拖动的同时按住<Ctrl>键）。

方法三：如果把文件从硬盘复制到软盘、U 盘或活动硬盘则可右键单击文件，在弹出的快捷菜单中选择"发送到"，然后选择一个盘符即可。

（2）移动文件

方法一：先选择"编辑"|"剪切"（也可用<Ctrl>+<X>组合键），然后转换到目标位置，选择"编辑"|"粘贴"命令（也可用<Ctrl>+<V>组合键）。

方法二：用鼠标直接把文件拖动到目标位置松开即可（如果是在不同盘之间进行移动的，则在拖动的同时按住<Shift>键）。

（3）文件的改名

方法一：右键单击图标，从快捷菜单中选择"重命名"，然后输入新的文件名即可。

方法二：选择"文件"|"重命名"命令，然后输入新的文件名即可。

方法三：单击图标标题，然后输入新的文件名即可。

方法四：按<F2>键，输入新的文件名即可。

7．如果采用普通的删除方法（直接按<Delete>键；右键单击图标，从快捷菜单中选择"删除"命令；选择"文件"|"删除"命令），则文件被放入回收站，可以恢复；如果在删除文件的同时按住 Shift 键，文件则被直接彻底删除，无法恢复。

8．对于键盘操作，可以用<Ctrl>+<Space>组合键来启动或关闭中文输入法，使用<Ctrl>+<Space>组合键在英文及各种中文输入法之间进行轮流切换。在切换的同时，任务栏右边的"语言指示器"在不断地变化，以指示当前正在使用的输入法。输入法之间的切换还可以用鼠标进行，具体方法是：单击任务栏上的"语言指示器"，再选择一种输入方法即可。

全/半角的切换键是<Ctrl>+<Space>组合键。

9．作用：在 Windows 7 中进行外观设置，相关软、硬件设置以及功能的启用，软件和硬件设置等管理工作。

10．在控制面板中选择添加硬件，计算机开始搜索新安装的硬件，根据提示安装驱动程序，即可完成安装。

11．在控制面板中，单击"用户账户"工具项，在"用户账户"窗口中单击"创建－个新账户"命令，即可进入相关的向导创建一个新账户。

12．①单击"开始"|"网上邻居"菜单项，打开"网上邻居"对话框，窗口中将显示所在网络上的计算机。

② 单击"其他位置"下的"Microsoft Windows Network"，则会在右侧窗格内显示工作组网络名。

③ 双击要访问的工作组网络名，再双击要访问的计算机名，即可查看其中的内容。

如果没有找到要访问的计算机，则可用"搜索"的方法来查找计算机。

第3章
常用办公软件 Word 2010 参考答案

一、选择题

1. B　2. D　3. C　4. B　5. A　6. C　7. C　8. D　9. C　10. C

二、简答题

1. Word 2010 工作窗口主要包括：标题栏、快速访问工具栏、"文件"按钮、功能区、标尺栏、文档编辑区和状态栏。标题栏主要显示正在编辑的文档名称及编辑软件名称信息；快速访问工具栏主要显示用户日常工作中频繁使用的命令，其默认显示"保存"、"撤销"和"重复"命令按钮项；"文件"按钮是一个类似于菜单的按钮，单击"文件"按钮将打开"文件"面板，包含"打开"、"关闭"、"保存"、"信息"、"最近所用文件"、"新建"、"打印"等常用命令；功能区由选项卡、组和命令3个基本组件组成，其将 Word 2010 中的所有功能选项巧妙地集中在一起，以便于用户查找使用；Word 2010 具有水平标尺和垂直标尺，用于对齐文档中的文本、图形、表格等，也可用来设置所选段落的缩进方式和距离；文档编辑区是用户使用 Word 2010 进行文档编辑排版的主要工作区域；状态栏用来显示当前文档的信息以及编辑信息等。

2. 使用格式刷可以快速地将某文本的格式设置应用到其他文本上，步骤如下：选中要复制样式的文本，单击功能区中"开始"选项卡中"剪贴板"组中的"格式刷"按钮，之后将鼠标移动到文本编辑区，会看到鼠标旁出现一个小刷子的图标，用格式刷扫过（即按下鼠标左键拖动）需要应用样式的文本即可。单击"格式刷"按钮，使用一次后格式刷功能就自动关闭了。如果需要将某文本的格式连续应用多次，则需双击"格式刷"按钮，之后直接用格式刷扫过不同的文本就可以了。要结束使用格式刷功能，再次单击"格式刷"按钮或按<Esc>键均可。

三、上机题（略）

第4章
电子表格 Excel 2010 习题参考答案

一、选择题

1. C　2. B　3. A　4. D　5. C　6. D　7. B　8. B　9. D　10. C

二、操作题

1. 操作结果如图1、图2所示。

G4			f_x	=SUM(C4:E4)			
	A	B	C	D	E	F	G	H

	A	B	C	D	E	F	G	H
1				成绩统计表				
2	学号	姓名	数学	计算机	英语	平均成绩	总成绩	名次
3	90203001	李莉	78	92	93	87.7	263	1
4	90203002	张斌	58	67	43	56.0	168	5
5	90203003	魏娜	91	87	83	87.0	261	2
6	90203004	郝仁	68	78	92	79.3	238	3
7	90203005	程功	88	56	79	74.3	223	4
8	各科及平均成绩不及格人数:		1	1	1	1		
9	各科与平均成绩最高分:		91	92	93	87.7		
10	平均成绩优秀比例:		40.0%					
11								
12								
13								

成绩统计表　Sheet2　Sheet3　Sheet4

图1

图2

2. 操作结果如图3、图4、图5所示。

	F4			f_x	=SUM(D4:E4)	
	A	B	C	D	E	F
1				工资汇总表		
2	编号	部门	姓名	基本工资	补助工资	应发工资
3	rs001	人事处	张三	1068.56	680.46	1749.02
4	jw001	教务处	李四	2035.38	869.30	2904.68
5	jw002	教务处	王五	1625.50	766.65	2392.15
6	rs002	人事处	赵六	2310.23	1012.00	3322.23
7	jw003	教务处	田七	890.22	640.50	1530.72
8						
9						
10						
11						
12						

工资汇总表 / 排序后 / 汇总后 /

图 3

	F6			f_x	=SUM(D6:E6)	
	A	B	C	D	E	F
1				工资汇总表		
2	编号	部门	姓名	基本工资	补助工资	应发工资
3	jw001	教务处	李四	2035.38	869.30	2904.68
4	jw002	教务处	王五	1625.50	766.65	2392.15
5	jw003	教务处	田七	890.22	640.50	1530.72
6	rs001	人事处	张三	1068.56	680.46	1749.02
7	rs002	人事处	赵六	2310.23	1012.00	3322.23
8						
9						
10						
11						
12						

工资汇总表 / 排序后 / 汇总后 /

图 4

	C13			f_x		
1 2 3	A	B	C	D	E	F
1				工资汇总表		
2	编号	部门	姓名	基本工资	补助工资	应发工资
3	jw001	教务处	李四	2035.38	869.30	2904.68
4	jw002	教务处	王五	1625.50	766.65	2392.15
5	jw003	教务处	田七	890.22	640.50	1530.72
6		教务处 汇总				6827.55
7	rs001	人事处	张三	1068.56	680.46	1749.02
8	rs002	人事处	赵六	2310.23	1012.00	3322.23
9		人事处 汇总				5071.25
10		总计				11898.80
11						
12						

工资汇总表 / 排序后 / 汇总后 /

图 5

第5章
演示文稿 PowerPoint 2010 习题参考答案

一、选择题

1. A   2. D   3. A   4. C   5. B   6. A   7. C

二、简答题

1. （1）准备素材；（2）创建新的演示文稿；（3）设置演示文稿：输入文本，编辑图形图表，应用合适的幻灯片主题，幻灯片版式，设置背景，设置动画，添加需要的多媒体；（4）保存文件。

2. 在 PowerPoint 中添加文字，一般方式就是直接将文本输入到幻灯片的占位符和文本框中，在占位符中可以输入文本，比如放置标题、正文、图表、表格、图片等对象。如果要在占位符之外的其他位置输入文本，可以在幻灯片中插入文本框。

而 Word 中没有占位符，输入文本一般是直接输入在文档中，只在需要的时候才加一文本框，并将文本输入在文本框中。

在 PowerPoint 中涉及对文字的编排，比如复制、粘贴、删除、移动的操作和对文字字体、字号、颜色等的设置以及对段落的格式设置等操作，均与 Word 中的相关操作类似。

三、上机题（略）

第6章
多媒体技术及应用习题参考答案

1. 多媒体一词译自英文 Multimedia，而该词又是由 multiple 和 media 复合而成的，核心词是媒体。媒体（Medium，复数 Media）又称媒介、媒质，通常指大众信息传播的手段，如报纸、杂志、电视等。多媒体技术，即计算机交互式综合处理多媒体信息——文本、图形、图像和声音，使多种信息建立逻辑连接，集成为一个系统并具有交互性。简言之，多媒体技术就是具有集成性、实时性和交互性的计算机综合处理声、文、图等信息的技术。

2. 多媒体计算机系统是一个能处理多媒体信息的计算机系统。它是计算机和视觉、听觉等多种媒体系统的综合。一个完整的多媒体计算机系统由硬件和软件两部分组成，其核心是一台计算机，外围主要是视听等多种媒体设备。因此，简单地说，多媒体系统的硬件是计算机主机及可以接收和播放多媒体信息的各种输入/输出设备，其软件是音频/视频处理核心程序、多媒体操作系统及各种多媒体工具软件和应用软件。

3. 若要用计算机对音频信息进行处理，就要将模拟信号（如语音、音乐等）转换成数字信号，这一转换过程称为模拟音频的数字化。模拟音频数字化过程涉及音频的采样、量化和编码。

4. 计算机声音有两种产生途径：一种是通过数字化录制直接获取，另一种是利用声音合成技术实现，后者是计算机音乐的基础。声音合成技术使用微处理器和数字信号处理器代替发声部件，模拟出声音波形数据，然后将这些数据通过数模转换器转换成音频信号并发送到放大器，合成出声音或音乐。乐器生产商利用声音合成技术生产出各种各样的电子乐器。

5. 在计算机中，图形（Graphics）与图像（Image）是一对既有联系又有区别的概念。它们都是一幅图，但图的产生、处理、存储方式不同。图形一般是指通过绘图软件绘制的由直线、圆、圆弧、任意曲线等图元组成的画面，以矢量图形文件形式存储。矢量图文件中存储的是一组描述各个图元的大小、位置、形状、颜色、维数等属性的指令集合，通过相应的绘图软件读取这些指令，可将其转换为输出设备上显示的图形。因此，矢量图文件的最大优点是对图形中的各个图元进行缩放、移动、旋转而不失真，而且它占用的存储空间小。

图像是由扫描仪、数字照相机、摄像机等输入设备捕捉的真实场景画面产生的映像，数字化后以位图形式存储。位图图像又称为光栅图像或点阵图像，是由一个个像素点（能被独立赋予颜色和亮度的最小单位）排成矩阵组成的，位图文件中所涉及的图形元素均由像素点来表示，这些点可以进行不同的排列和染色以构成图样。位图文件中存储的是构成图像的每个像素点的亮度、颜色，位图文件的大小与分辨率和色彩的颜色种类有关，放大和缩小要失真，由于每一个像素都是单独染色的，因此位图图像适于表现逼真照片或要求精细细节的图像，占用的空间比矢量文件大。

6. MP3 是 MPEG Audio Layer 3 音乐格式的缩写，属于 MPEG-1 标准的一部分。利用该技术可以将声音文件以 1:12 的压缩率压缩成更小的文档，同时还保持高品质的效果。

7. 随着多媒体技术的发展，特别是音频和视觉媒体数字化后巨大的数据量使数据压缩技术的研究受到人们越来越多的重视。近年来随着计算机网络技术的广泛应用，为了满足信息传输的需要，更促进了数据压缩相关技术和理论的研究和发展。

在多媒体应用中，常用的压缩方法有：PCM（脉冲编码调制）、预测编码、变换编码、插值和外推法、统计编码、矢量量化和子带编码等，混合编码是近年来广泛采用的方法。新一代的数据压缩方法，如基于模型的压缩方法、分形压缩和小波变换方法等也已接近实用化水平。

8. Authorware 是一种基于图标和流程的多媒体开发工具。它把多媒体素材交由其他软件处理，本身主要进行素材的集成和组织工作，即使是非专业人员也能方便地创作出交互式多媒体程序。Authorware 在开发应用方面具有如下特点：

（1）直观易用的开发界面；

（2）具有文本、图形图像、视频、音频等多媒体素材的集成功能；

（3）多样化的交互功能及交互控制；

（4）强劲的数据处理能力；

（5）提供强大的代码编辑、调试功能和 Javascript 支持；

（6）提供对 DVD 高清晰电影的支持。

Authorware 6.0 是一种基于主流线和设计图标结构的多媒体框架编程开发平台，属于第四代编程软件开发工具。

9. 设计窗口最左侧的图示为程序的流程线，主流程线两端为两个小矩形标记，分别为文件的起始标记和文件的结尾标记。在流线图上可以对任意一个图标进行编辑。媒体对象和交互事件都用不同的图标（icon）表示，这些图标被组织在一个结构化框架或过程中，把需要的媒体和控制按流程图的方式放在相应的位置即可实现可视化编程，这种工具适宜于复杂的导航结构。流线或图标控制的优点是调试方便，根据需要可将图标放于流线图上的任何位置，并可任意调整图标的位置，对每一图标都可命以不同的名字以便对图标进行管理。

第7章
数据库基础习题参考答案

1. 数据库（DB）是存储在计算机内、有组织、可共享的数据集合，它将数据按一定的数据模型组织、描述和储存，具有较小的冗余度，较高的数据独立性和易扩展性，可被多个不同的用户共享。

数据库管理系统（DBMS）是专门用于管理数据库的计算机系统软件。数据库管理系统能够为数据库提供数据的定义、建立、维护、查询、统计等操作功能，并具有对数据的完整性、安全性进行控制的功能。

数据库系统是指带有数据库并利用数据库技术进行数据管理的计算机系统。一个数据库系统应由计算机硬件、数据库、数据库管理系统、数据库应用系统和数据库管理员5部分构成。数据库系统的体系由支持系统的计算机硬件设备、数据库及相关的计算机软件系统、开发管理数据库系统的人员3部分组成。

2. 关系模式是型，关系是它的值。关系模式是表态的、稳定的，而关系是动态的、随时间不断变化的，因为关系操作在不断地更新着数据库中的数据。但在实际当中，常常把关系模式和关系系统称为关系。用二维表结构来表示实体及实体间联系的模型称为关系模型，其结构即为关系。

关系中的每个元素是关系中的元组（Tuple），通常用 t 表示。实际当中，在二维表中的行（记录的值），称为元组；元组的集合称为关系。

关系中不同列可以对应相同的域，为了加以区分，必须对每列起一个名字，即二维表中的列（字段、数据项）称为属性；列值称为属性值；属性值的取值范围称为值域。

在关系的诸多属性中，能够用来唯一标识实体的属性称为关键字或候选码，即关系中的元组由关键字的值来唯一确定。关系中的任意两个元组都不允许同时在码属性上具有相同的值。在一个关系中，关键字的值不能为空，即关键字的值为空的元组在关系中是不允许存在的。在最简单的情况下，候选码只包含一个属性，称为全码。主码：若一个关系有多个候选码，则选定其中一个为主码。关系中，候选码的属性称为主属性，不包含在任何候选码中的属性称为非码属性。

3. 数据结构、数据操作和数据约束。

4. 组织数据、创建查询、生成窗体、打印报表、共享数据、支持超级链接和创建应用系统。

5. 略

第 8 章
计算机网络与 Internet 习题参考答案

1. ① 主机：通常把 CPU、内存和输入/输出接口以及在一起构成的子系统称为主机。主机中包含了除输入/输出设备以外的所有电路部件，是一个能够独立工作的系统。这里主机是指放在能够提供服务器托管业务单位的机房的服务器，通过它实现与 Internet 的连接，从而省去用户自行申请专线连接到 Internet 的麻烦。数网公司是一个提供服务器托管业务的单位，拥有 ChinaNet 的接入中心，所以被托管的服务器可以通过 100MB 的网络接口连接 Internet。

② TCP/IP：包含了一系列构成 Internet 通信基础的通信协议。这些协议最早发源于美国国防部的 DARPA 互联网项目。TCP/IP 代表了两个协议：TCP（Transmission Control Protocol）和 IP（Internet Protocol），中译名为传输控制协议/因特网互联协议，又名网络通信协议，是 Internet 最基本的协议，Internet 国际互联网络的基础，由网络层的 IP 协议和传输层的 TCP 协议组成。TCP/IP 定义了电子设备如何连入因特网，以及数据如何在它们之间传输的标准。协议采用了 4 层的层级结构，每一层都呼叫它的下一层所提供的网络来完成自己的需求。通俗而言：TCP 负责发现传输的问题，一有问题就发出信号，要求重新传输，直到所有数据安全正确地传输到目的地。而 IP 是给因特网的每一台计算机规定一个地址。

③ IP 地址：尽管 Internet 上连接了无数的服务器和计算机，但它们并不是处在杂乱无章的无序状态，而是每一个主机都有唯一的地址，作为该主机在 Internet 上的唯一标识，这个标识就称为 IP 地址（Internet Protocol Address）。它是分配给主机的 32 位地址，是一串 4 组由圆点分割的数字组成的，其中每一个数字都在 0 至 255 之间，如 202.196.14.222 就是一个 IP 地址，它标识了在网络上的一个节点，并且指定了在一个互连网络上的路由信息。

Internet 上的每台主机（HOST）都有一个唯一的 IP 地址。

④ 域名：IP 地址是 Internet 上互连的若干主机进行内部通信时，区分和识别不同主机的数字型标志，这种数字型标志对于上网的广大一般用户而言有很大的缺点，它既无简明的含义，又不容易被用户很快记住。因此，为解决这个问题，人们又规定了一种字符型标志，称之为域名。如同每个人的姓名和每个单位的名称一样，域名是 Internet 上互连的若干主机（或称网站）的名称。广大网络用户能够很方便地用域名访问 Internet 上自己感兴趣的网站。

从技术上讲，域名只是一个 Internet 中用于解决地址对应问题的一种方法，可以说只是一个技术名词。但是，由于 Internet 已经成为了全世界人的 Internet，域名也自然地成为了一个社会科学名词。

从社会科学的角度看，域名已成为了 Internet 文化的组成部分。

⑤ URL：统一资源定位符（Uniform Resource Locator 的缩写）也被称为网页地址，是因特网上标准的资源地址。它最初是由蒂姆·伯纳斯 – 李发明用来作为万维网的地址的，现在它已经

被万维网联盟编制为因特网标准 RFC1738 了。

统一资源定位符（URL）是用于完整地描述 Internet 上网页和其他资源的地址的一种标识方法。Internet 上的每一个网页都具有一个唯一的名称标识，通常称之为 URL 地址，这种地址可以是本地磁盘，也可以是局域网上的某一台计算机，更多的是 Internet 上的站点。简单地说，URL 就是 Web 地址，俗称"网址"。

⑥ 网关：顾名思义，网关（Gateway）就是一个网络连接到另一个网络的"关口"，又称网间连接器、协议转换器，实质上是一个网络通向其他网络的 IP 地址。网关在传输层上以实现网络互连，是最复杂的网络互连设备，仅用于两个高层协议不同的网络互连。网关既可以用于广域网互连，也可以用于局域网互连。网关是一种充当转换重任的计算机系统或设备。在使用不同的通信协议、数据格式或语言，甚至体系结构完全不同的两种系统之间，网关是一个翻译器。与网桥只是简单地传达信息不同，网关对收到的信息要重新打包，以适应目的系统的需求。同时，网关也可以提供过滤和安全功能。大多数网关运行在 OSI 7 层协议的顶层——应用层。

2.（1）Internet 发展史：因特网是 Internet 的中文译名，它的前身是美国国防部高级研究计划局（ARPA）主持研制的 ARPAnet。

20 世纪 60 年代末，正处于冷战时期。当时美国军方为了自己的计算机网络在受到袭击时，即使部分网络被摧毁，其余部分仍能保持通信联系，便由美国国防部的高级研究计划局（ARPA）建设了一个军用网，叫做"阿帕网"（ARPAnet）。阿帕网于 1969 年正式启用，当时仅连接了 4 台计算机，供科学家们进行计算机联网实验用。这就是因特网的前身。

到 20 世纪 70 年代，ARPAnet 已经有了好几十个计算机网络，但是每个网络只能在网络内部的计算机之间互联通信，不同计算机网络之间仍然不能互通。为此，ARPA 又设立了新的研究项目，支持学术界和工业界进行有关的研究。研究的主要内容就是想用一种新的方法将不同的计算机局域网互联，形成"互联网"。研究人员称之为"Internetwork"，简称"Internet"。这个名词就一直沿用到现在。

在研究实现互联的过程中，计算机软件起了主要的作用。1974 年，出现了连接分组网络的协议，其中就包括了 TCP/IP——著名的网际互联协议 IP 和传输控制协议 TCP。这两个协议相互配合，其中，IP 是基本的通信协议，TCP 是帮助 IP 实现可靠传输的协议。

TCP/IP 有一个非常重要的特点，就是开放性，即 TCP/IP 的规范和 Internet 的技术都是公开的。目的就是使任何厂家生产的计算机都能相互通信，使 Internet 成为一个开放的系统。这正是后来 Internet 得到飞速发展的重要原因。

ARPA 在 1982 年接受了 TCP/IP，选定 Internet 为主要的计算机通信系统，并把其他的军用计算机网络都转换到 TCP/IP。1983 年，ARPAnet 分成两部分：一部分军用，称为 MILNET；另一部分仍称 ARPAnet，供民用。

1986 年，美国国家科学基金组织（NSF）将分布在美国各地的 5 个为科研教育服务的超级计算机中心互联，并支持地区网络，形成 NSFnet。1988 年，NSFnet 替代 ARPAnet 成为 Internet 的主干网。NSFnet 主干网利用了在 ARPAnet 中已证明是非常成功的 TCP/IP 技术，准许各大学、政府或私人科研机构的网络加入。1989 年，ARPAnet 解散，Internet 从军用转向民用。

Internet 的发展引起了商家的极大兴趣。1992 年，美国 IBM、MCI、MERIT 三家公司联合组建了一个高级网络服务公司（ANS），建立了一个新的网络，叫做 ANSnet，成为 Internet 的另一个主干网。它与 NSFnet 不同，NSFnet 是由国家出资建立的，而 ANSnet 则是 ANS 公司所有，从而使 Internet 开始走向商业化。

1995 年 4 月 30 日，NSFnet 正式宣布停止运作。而此时 Internet 的骨干网已经覆盖了全球 91 个国家，主机已超过 400 万台。在最近几年，因特网更以惊人的速度向前发展，很快就达到了今天的规模。

（2）Internet 提供的服务：①万维网（WWW）；②信息搜索；③电子邮件；④文件传输协议（FTP）；⑤远程登录（Telnet）；⑥电子公告牌系统（BBS）。

（3）接入 Internet 的方式：①普通拨号方式；②一线通（ISDN）；③ADSL ；④DSL；⑤VDSL ；⑥光纤接入网；⑦FTTX+LAN 接入方式；⑧ISDN。

3．Internet 与物联网、云计算、三网融合之间的关系：随着信息技术的发展，现在的一些旧技术已经跟不上这个时代的发展。庞大的用户数字充斥着网络，给 ISP 的运营带来了商机，但是也带来了问题。如何让用户能高速地连接分享资源，成为了各级服务商和设备提供商的一个必须解决的课题。3G、Wifi 等技术的相继出现，一定程度缓解了客户和服务商的供求关系，但是还不能真正满足用户。所以又出现了云计算、物联网等新一代技术。物联网是指通过各种信息传感设备传递信息。它的核心依然是互联网，是在互联网上拓展和延伸，但是它的用户端则依靠物与物进行信息传递，所以可以定义为通过射频识别（RFID）、红外感应器、全球定位系统、激光扫描器等信息传递设备按约定协议，把任何物体与互联网相连，进行信息交换和通信，以实现物体的智能化识别、定位、跟踪、监控、管理的一种网络。云计算是基于因特网的一种超级计算模式，在远程的数据中心里，成千上万的计算机和服务器连成一片电脑云。因此云计算有时可以让用户感受高速运算的速度，拥有强大的计算能力可以模拟一些实验。使普通计算机达到大型机的要求。三网融合最早叫做三网合一，是指电信网、互联网和广播电视网之间的相互融合发展实现三网互联互通，共享资源，在同一个网络上实现语言、数据、图像的传输，实现用户能在一个网络上打电话、看电视、上网等功能。实现单一业务向多媒体综合业务方向发展以减少基础设施的投入，简化管理降低维护费用。实现用户的投资减少，收益最大化。以增强国家的综合国力。这些新技术可以最大化地服务于民，用之于民。他们的诞生加速了信息产业的发展，促进了社会的进步，让 Internet 的世界变得更加完美。Internet 作为基础，物联网、云计算、三网融合等技术的彼此补充是当今信息世界的发展趋势，以实现真正的数字化世界。

4．WWW 是环球信息网（World Wide Web ）的缩写，也可以简称为 Web，中文名字为"万维网"。万维网是一个资料空间。在这个空间中：一样有用的事物，称为一样"资源"；并且由一个全域"统一资源标识符"（URL）标识。这些资源通过超文本传输协议（Hypertext Transfer Protocol）传送给使用者，而后者通过单击链接来获得资源。

FTP（File Transfer Protocol,）是用于 Internet 上的控制文件的双向传输协议。同时，它也是一个应用程序。用户可以通过它把自己的 PC 与世界各地所有运行 FTP 协议的服务器相连，访问服务器上的大量程序和信息。FTP 是在 TCP/IP 网络和 Internet 上最早使用的协议之一，它属于网络协议组的应用层。为了更好地运用网络资源，FTP 客户机可以给服务器发出命令来下载文件、上传文件、创建或改变服务器上的目录，让用户与用户之间实现资源共享。

5．IP 地址就是给每个连接在 Internet 上的主机分配一个在全世界范围唯一的 32bit 地址。IP 地址的结构使用户可以在 Internet 上很方便地寻址。Internet 依靠 TCP/IP，在全球范围内实现不同硬件结构、不同操作系统、不同网络系统的互联。在 Internet 上，每一个节点都依靠唯一的 IP 地址互相区分和相互联系。IP 地址通常用更直观的、以圆点分隔的 4 个十进制数字表示，每一个数字对应于 8 个二进制的比特串，用于标识 TCP/IP 宿主机。每个 IP 地址都包含两部分：网络 ID 和主机 ID。网络 ID 标识在同一个物理网络上的所有宿主机，主机 ID 标识该物理网络上的每一个宿主机，于是整个 Internet 上的每个计算机都依靠各自唯一的 IP 地址来标识。如某一台主机的 IP 地址为：202.196.13.241。

Internet IP 地址由 Inter NIC（Internet 网络信息中心）统一负责全球地址的规划、管理；同时由 Inter NIC、APNIC、RIPE 三大网络信息中心具体负责美国及其他地区的 IP 地址分配。通常每个国家需成立一个组织，统一向有关国际组织申请 IP 地址，然后再分配给客户。

域名在因特网上用来代替 IP 地址，因为 IP 地址没有实际含义，人们不容易记住，所以用有含义的英文字母来代替。在网络上，专门有 DNS（域名服务器）来进行域名与 IP 的相互转换，人们输入域名，在 DNS 上转换为 IP，才能找到相应的服务器，打开相应的网页。

6. ① www.microsoft.com：顶级域名 com 指的是商业公司，Microsoft 指的是微软公司，这个 URL 指向微软公司的网站。

② www.zz.ha.cn：顶级域名 cn 指的是中国，子域名 ha 指的是河南省，zz 指的是郑州市，这个 URL 指向河南省郑州市的网站商都网。

③ www.zzuli.edu.cn：顶级域名 cn 指的是中国，子域名 edu 指的是教育机构，zzuli 指的是郑州轻工业学院，这个 URL 指向郑州轻工业学院的网站。

7. Web 服务使用的是 Http 协议。

Web 服务是 SOAP（Simple Object Access Protocol)即简单对象访问协议的一个主要应用，通过建立 Web 服务，远程用户就可以通过 http 访问远程的服务。

Web 浏览器是用于通过 URL 来获取并显示 Web 网页的一种软件工具，Web 表现为 3 种形式，即超文本（hypertext）、超媒体（hypermedia）、超文本传输协议（HTTP），主要用来浏览 html 写的网站。WWW 的工作基于客户机/服务器计算模型，由 Web 浏览器（客户机）和 Web 服务器（服务器）构成，两者之间采用超文本传送协议（HTTP）进行通信。在 Windows 环境中较为流行的 Web 浏览器为 Netscape Navigator 和 Internet Explorer。

8. 计算机网络是指将有独立功能的多台计算机，通过通信设备线路连接起来，在网络软件的支持下，实现彼此之间资源共享和数据通信的整个系统。根据其覆盖范围可分为局域网、城域网和广域网。计算机网络的基本功能是数据通信和资源共享。资源共享包括硬件、软件和数据资源的共享。

涉及的技术有软件方面的、硬件方面的、安全方面的、远程方面的、运营方面的、语音方面的、网站方面的和网络编程方面的。

3 个基本功能：（1）信息交换：信息交换是计算机网络最基本的功能，主要完成计算机网络中各个节点之间的系统通信。用户可以在网上传送电子邮件、发布新闻消息、进行电子购物、电子贸易、远程电子教育等。（2）资源共享：所谓的资源是指构成系统的所有要素，包括软、硬件资源，如计算处理能力、大容量磁盘、高速打印机、绘图仪、通信线路、数据库、文件和其他计算机上的有关信息。由于受经济和其他因素的制约，这些资源并非（也不可能）所有用户都能独立拥有，所以网络上的计算机不仅可以使用自身的资源，也可以共享网络上的资源。因而增强了网络上计算机的处理能力，提高了计算机软硬件的利用率。（3）分布式处理：一项复杂的任务可以划分成许多部分，由网络内各计算机分别协作并行完成有关部分，使整个系统的性能大为增强。

9. 按地理范围分类：①局域网 LAN（Local Area Network）。局域网地理范围一般几百米到 10km 之内，属于小范围内的连网。如一个建筑物内、一个学校内、一个工厂的厂区内等。局域网的组建简单、灵活，使用方便。②城域网 MAN（Metropolitan Area Network）。城域网地理范围可从几十公里到上百公里，可覆盖一个城市或地区，是一种中等形式的网络。③广域网 WAN（Wide

Area Network)。广域网地理范围一般在几千千米左右，属于大范围连网。如几个城市，一个或几个国家，是网络系统中的最大型的网络，能实现大范围的资源共享，如国际性的 Internet 网络。

10. 常见的 Internet 接入方式主要有 4 种：拨号接入方式、专线接入方式、无线接入方式和局域网接入方式。

（1）拨号接入方式：普通 Modem 拨号方式，ISDN 拨号接入方式，ADSL 虚拟拨号方式.

（2）专线接入方式：Cable Modem 接入方式，DDN 专线接入方式，光纤接入方式。

（3）无线接入方式：GPRS 接入技术，蓝牙技术（在手机上的应用比较广泛）。

（4）局域网接入方式：代理服务器。

一般的因特网连接方式有：调制解调器（模拟线路）拨入、ISDN（综合业务数字网）、线缆调制解调器（Cable Modem）、ADSL 以及 DirectPC，ADSL PPPoE， LAN to LAN 等方式。

11. 网络拓扑结构是指用传输媒体互连各种设备的物理布局，就是用什么方式把网络中的计算机等设备连接起来。

拓扑图给出网络服务器、工作站的网络配置和相互间的连接，它的结构主要有星型拓扑结构、环型拓扑结构、总线拓扑结构、分布式拓扑结构、树型拓扑结构、网状拓扑结构、蜂窝状拓扑结构等。

12. 网络适配器又称网卡或网络接口卡（NIC），英文名 Network Interface Card。网络适配器的内核是链路层控制器，该控制器通常是实现许多链路层服务的单个特定目的的芯片，这些服务包括成帧、链路接入、流量控制、差错检测等。网络适配器是使计算机联网的设备，平常所说的网卡就是将 PC 和 LAN 连接的网络适配器。网卡（NIC）插在计算机主板插槽中，负责将用户要传递的数据转换为网络上其他设备能够识别的格式，通过网络介质传输。它的基本功能为：从并行到串行的数据转换、包的装配和拆装、网络存取控制、数据缓存和网络信号。

网络适配器的主要作用：（1）它是主机与介质的桥梁设备；（2）实现主机与介质之间的电信号匹配；（3）提供数据缓冲能力；（4）控制数据传送的功能。网卡一方面负责接收网络上传过来的数据包，解包后，将数据通过总线传输给本地计算机；另一方面它将本地计算机上的数据打包后送入网络。

网卡工作在 osi 的最后两层：物理层和数据链路层。物理层定义了数据传送与接收所需要的电与光信号、线路状态、时钟基准、数据编码和电路等，并向数据链路层设备提供标准接口。物理层的芯片称之为 PHY。数据链路层则提供寻址机构、数据帧的构建、数据差错检查、传送控制、向网络层提供标准的数据接口等功能。以太网卡中数据链路层的芯片称之为 MAC 控制器。很多网卡的这两个部分是做到一起的。他们之间的关系是 pci 总线接 mac 总线，mac 接 phy，phy 接网线（当然也不是直接接上的，还有一个变压装置）。

13. 在检索之前先考虑清楚自己要找的是什么，并且把它用纸笔记下来，最好以一些问题的形式，它能明确自己信息需求的界限，不至于在后面的检索中迷失目标。

根据自己对检索主题的已知部分和需要检索部分的了解，可以从几种不同类型的网络检索工具开始。检索是以找到某个问题的精确答案为目标，还是希望通过检索扩展自己在某个领域的知识？检索的是否是一个非常特殊的主题，还是检索时会返回大量无关信息的宽泛主题？检索词是否存在同义、近义词？思考这些问题将有助于准确定位自己的检索起点。

对一些常见的信息需求和适合这些需求的检索工具进行总结如下。

（1）希望快速找到少量的精确匹配关键词的结果，类似于做填空题的信息需求。如已知歌词查歌名，查霍金的著作列表等。适合的工具：Google、All The Web、百度。

（2）感兴趣的是比较宽泛的学术性主题，希望从一些该领域的权威站点获得参考。适合的工具：Librarians' Index to Internet（http://lii.org/），被称为"思考者的 Yahoo"，比 Yahoo 的资源目录更适合学术性的检索，每周更新。Inromine（http://infomine.ucr.edu/Main.html），由图书馆员精选的网络资源目录，有非常全面的检索功能。

（3）大众化的或者商业性的主题适合的工具：Yahoo 在这方面无疑是比较好的，只要是 Internet 上有一定知名度的主题，它都有收录。

（4）易混淆的主题词（如检索总统 Bush，但有灌木 bush 的干扰）或搜索引擎的停用词（如痞子蔡的新作"to be or not to be"，里面全是搜索引擎停用词）。适合的工具：前者可用 Alta Vista 的高级检索功能(http://www.altavista.com/web/adv)，全大写字母的单词专指人名；后者可用 Google 的词组检索（使用双引号）。

（5）不知道某个字（词）的读音、拼写或翻译，适合的工具：找本词典就可以了。网上也有 online 的词典，如词霸在线（http://www.iciba.net），yourdictionary（http://www. yourdictionary.com/ ）等。如果有两种写法不知道哪一个正确的话，也可以分别用它们在 Google 上检索，一般结果较多的那一个就是正确的。

（6）不知道检索从何入手，希望有个检索模板。适合的工具：AllTheWeb 和 AltaVista 的高级检索页面都提供了这样的模板。

（7）希望得到的检索结果不是简单的超链接的罗列，而是经过组织加工的，浏览起来更方便也更容易接受的信息。适合的工具：Vivisimo（http://vivisimo.com/），将检索结果自动聚类，并以类似 Windows 文件夹的方式按等级逐层排列；Altavista，支持 Focus Words 技术，每次检索之后会从结果中自动提取出几个最常见的关键词供用户参考，这样可以挑选这些关键词中的一个或几个，再在结果中二次检索，以缩小检索范围；Surf Wax（http://www.surfwax.com），采用 SiteSnap 技术，能猜测实际信息需求，将"最有希望"的检索结果单独提取出来。

（8）并没有非常明确的检索要求，希望在检索中扩展自己的思路，或者说想得到一些意外收获。适合的工具：Kartoo（http://www.kartoo.com），可视化检索的先驱，很有趣的元搜索引擎，将检索结果用地图的形式展现，能够直观地发现主题之间的联系；Web Brain（http://www.webbrain.com/html/default_win.html），另一个优秀的可视化的检索工具，使用 TheBrain 技术，类似于大不列颠百科全书电子版中的 Knowledge Navigation，以动画的形式展示知识体系的分类层次。

第9章
信息安全与职业道德习题参考答案

一、选择题

1. A 2. B 3. A 4. A 5. A

二、简答题

1. 信息安全是指保护信息和信息系统不被未经授权的访问、使用、泄露、中断、修改和破坏，为信息和信息系统提供保密性、完整性、可用性、可控性和不可否认性。

信息安全本身包括的范围很大。大到国家军事政治等机密安全，小到如防范商业企业机密泄露、防范青少年对不良信息的浏览、个人信息的泄露等。网络环境下的信息安全体系是保证信息安全的关键，包括计算机安全操作系统、各种安全协议、安全机制（数字签名、信息认证、数据加密等），直至安全系统，其中任何一个安全漏洞都可以威胁全局安全。信息安全服务至少应该包括支持信息网络安全服务的基本理论，以及基于新一代信息网络体系结构的网络安全服务体系结构。

2. 信息安全的基本属性主要表现在 5 个方面：可用性（availability）、可靠性（controllability）、完整性（integrity）、保密性（confidentiality）、不可否认性（non-repudiation）。具体含义如下。

可用性：保证信息及信息系统确实为授权使用者所用，防止由于计算机病毒或其他人为因素造成的系统拒绝服务或为敌手所用。

可靠性：对信息及信息系统实施安全监督管理。

完整性：防止信息被未经授权的人（实体）篡改，保证真实的信息从真实的信源无失真地到达真实的信宿。

保密性：保证信息不泄露给未经授权的人。

不可否认性：保证信息行为人不能否认自己的行为。

信息安全还有更多的一些属性也用于描述信息安全的不同的特性，如合法性、实用性、占有性、唯一性、生存性、稳定性、特殊性等。

3. ISO7498-2 标准确定了 5 大类安全服务：鉴别服务、访问控制服务、数据加密服务、数据完整性和禁止否认服务。

ISO7498-2 标准确定了 8 大类安全机制：加密机制、数字签名机制、数据完整性机制、鉴别交换机制、业务填充机制、认证机制、路由控制机制和公证机制。

4. 信息安全技术是一门综合的学科，它涉及信息论、计算机科学和密码学等多方面知识，它的主要任务是研究计算机系统和通信网络内信息的保护方法，以实现系统内信息的安全、保密、真实和完整。其中，信息安全的核心是密码技术。

随着计算机网络不断渗透到各个领域，密码学的应用也随之扩大。数字签名、身份鉴别等都是由密码学派生出来的新技术和应用。

5. 密码体制从原理上可分为单钥密码体制和双钥密码体制这两大类。

单钥密码算法，又称对称密码算法：是指加密密钥和解密密钥为同一密钥的密码算法。因此，信息的发送者和信息的接收者在进行信息的传输与处理时，必须共同持有该密码（称为对称密码）。在对称密钥密码算法中，加密运算与解密运算使用同样的密钥。通常，使用的加密算法比较简便高效，密钥简短，破译极其困难。由于系统的保密性主要取决于密钥的安全性，所以，在公开的计算机网络上安全地传送和保管密钥是一个严峻的问题。最典型的是 DES（Data Encryption Standard）算法。

双钥密码算法，又称公钥密码算法：是指加密密钥和解密密钥为两个不同密钥的密码算法。双钥密码算法不同于单钥密码算法，它使用了一对密钥：一个用于加密信息，另一个则用于解密信息，通信双方无需事先交换密钥就可进行保密通信。其中加密密钥不同于解密密钥，加密密钥公之于众，谁都可以用；解密密钥只有解密人自己知道。这两个密钥之间存在着相互依存关系：即用其中任一个密钥加密的信息只能用另一个密钥进行解密。若以公钥作为加密密钥，以用户专用密钥（私钥）作为解密密钥，则可实现多个用户加密的信息只能由一个用户解读；反之，以用户私钥作为加密密钥而以公钥作为解密密钥，则可实现由一个用户加密的信息而多个用户解读。前者可用于数字加密，后者可用于数字签名。

6. 实现数字签名有很多方法，目前数字签名采用较多的是公钥加密技术。

（1）用非对称加密算法进行数字签名 RSA。RSA 同时有两把钥匙，公钥与私钥，分别用于对数据的加密和解密，即如果用公开密钥对数据进行加密，只有对应的私有密钥才能进行解密；如果用私有密钥对数据进行加密，则只有对应的公钥才能解密。同时支持数字签名。数字签名的意义在于，对传输过来的数据进行校验。确保数据在传输工程中不被修改。

（2）用对称加密算法进行数字签名。对称加密算法是应用较早的加密算法，技术成熟。在对称加密算法中，数据发信方将明文（原始数据）和加密密钥一起经过特殊加密算法处理后，使其变成复杂的加密密文发送出去。收信方收到密文后，若想解读原文，则需要使用加密用过的密钥及相同算法的逆算法对密文进行解密，才能使其恢复成可读明文。在对称加密算法中，使用的密钥只有一个，发收信双方都使用这个密钥对数据进行加密和解密，这就要求解密方事先必须知道加密密钥。

7. 访问控制是网络安全防范和保护的主要策略，它的主要任务是保证网络资源不被非法使用和访问。它是保证网络安全最重要的核心策略之一。访问控制涉及的技术也比较广，包括入网访问控制、网络权限控制、目录级控制以及属性控制等多种手段。

（1）入网访问控制

入网访问控制为网络访问提供了第一层访问控制。它控制哪些用户能够登录到服务器并获取网络资源，控制准许用户入网的时间和准许他们在哪台工作站入网。

（2）权限控制

网络的权限控制是针对网络非法操作所提出的一种安全保护措施。用户和用户组被赋予一定的权限。网络控制用户和用户组可以访问哪些目录、子目录、文件和其他资源。可以指定用户对这些文件、目录、设备能够执行哪些操作。

（3）目录级安全控制

网络应允许控制用户对目录、文件、设备的访问。用户在目录一级指定的权限对所有文件和子目录有效，用户还可进一步指定对目录下的子目录和文件的权限。对目录和文件的访问权限一般有 8 种：系统管理员权限、读权限、写权限、创建权限、删除权限、修改权限、文件查找权限、访问控制权限。

（4）属性安全控制

当用文件、目录和网络设备时，网络系统管理员应给文件、目录等指定访问属性。属性安全在权限安全的基础上提供更进一步的安全性。网络上的资源都应预先标出一组安全属性。

（5）服务器安全控制

网络允许在服务器控制台上执行一系列操作。用户使用控制台可以装载和卸载模块，可以安装和删除软件等操作。网络服务器的安全控制包括可以设置口令锁定服务器控制台，以防止非法用户修改、删除重要信息或破坏数据；可以设定服务器登录时间限制、非法访问者检测和关闭的时间间隔。

8. 防火墙技术虽然出现了很多，但总体来说可分为以下两种。

（1）分组过滤型防火墙

分组过滤或包过滤，是一种通用、廉价、有效的安全手段。包过滤在网络层和传输层起作用。它根据分组包的源、宿地址，端口号及协议类型、标志确定是否允许分组包通过。所根据的信息来源于 IP、TCP 或 UDP 包头。只有满足过滤条件的数据包才被转发到相应的目的地，其余数据包则从数据流中丢弃。包过滤的优点是不用改动客户机和主机上的应用程序，因为它工作在网络层和传输层，与应用层无关。但其弱点也是明显的：据以过滤判别的只有网络层和传输层的有限信息，因而各种安全要求不可能充分满足；在许多过滤器中，过滤规则的数目是有限制的，且随着规则数目的增加，性能会受到很大地影响；由于缺少上下文关联信息，不能有效地过滤如 UDP、RPC 一类的协议；另外，大多数过滤器中缺少审计和报警机制，且管理方式和用户界面较差；对安全管理人员素质要求高，建立安全规则时，必须对协议本身及其在不同应用程序中的作用有较深入的理解。因此，过滤器通常和应用网关配合使用，共同组成防火墙系统。

（2）应用代理型防火墙

应用代理型防火墙是内部网与外部网的隔离点，起着监视和隔绝应用层通信流的作用。它工作在 OSI 模型的最高层，即应用层。其特点是完全"阻隔"了网络通信流，通过对每种应用服务编制专门的代理程序，实现监视和控制应用层通信流的作用。

由于对更高安全性的要求，常把基于包过滤的方法与基于应用代理的方法结合起来，形成复合型防火墙产品。

9. 计算机病毒（Computer Virus）是一个程序，一段可执行码。就像生物病毒一样，计算机病毒有独特的复制能力。计算机病毒可以很快地蔓延，又常常难以根除。它们能把自身附着在各种类型的文件上。当文件被复制或从一个用户传送到另一个用户时，它们就随同文件一起蔓延开来。

除复制能力外，某些计算机病毒还有其他一些共同特性：一个被污染的程序能够传送病毒载体。当你看到病毒载体似乎仅仅表现在文字和图像上时，它们可能也已毁坏了文件，或格式化了你的硬盘驱动或引发了其他类型的灾害。若是病毒并不寄生于一个污染程序，它仍然能通过占据存储空间给你带来麻烦，并降低计算机的全部性能。

所以，计算机病毒就是能够通过某种途径潜伏在计算机存储介质（或程序）里，能够自我复制，当达到某种条件时即被激活的具有对计算机资源进行破坏作用的一组程序或指令集合，具有破坏性，复制性和传染性。

10. 计算机病毒具有以下几个特点。

（1）寄生性

计算机病毒寄生在其他程序之中，当执行这个程序时，病毒就起破坏作用，而在未启动这个程序之前，它是不易被人发觉的。

（2）传染性

计算机病毒不但本身具有破坏性，更有害的是具有传染性，一旦病毒被复制或产生变种，其速度之快令人难以预防。

（3）潜伏性

有些病毒像定时炸弹一样，让它什么时间发作是预先设计好的。比如黑色星期五病毒，不到预定时间一点都觉察不出来，等到条件具备的时候一下子就爆炸开来，对系统进行破坏。

（4）隐蔽性

计算机病毒具有很强的隐蔽性，有的可以通过病毒软件检查出来，有的根本就查不出来，有的时隐时现、变化无常，这类病毒处理起来通常很困难。

（5）破坏性

计算机中毒后，可能会导致正常的程序无法运行，把计算机内的文件删除或受到不同程度的损坏。

（6）可触发性：计算机病毒绝大部分会设定发作条件。这个条件可以是某个日期、键盘的点击次数或是某个文件的调用。其中，以日期作为条件的病毒居多，例如，CIH 病毒的发作条件是 4 月 26 日，"欢乐时光"病毒的发作条件是"月+日=13"等。

（7）非授权可执行性：病毒都是先获取了系统的操控权，在没有得到用户许可的时候就运行，开始了破坏行动。

11．检测病毒方法有：特征代码法、校验和法、行为监测法、软件模拟法，这些方法依据的原理不同，实现时所需开销不同，检测范围不同，各有所长。

（1）特征代码法

特征代码法是使用最为普遍的病毒检测方法，国外专家认为特征代码法是检测已知病毒的最简单、开销最小的方法。

（2）校验和法

将正常文件的内容，计算其校验和，写入文件中保存。定期检查文件的校验和与原来保存的校验和是否一致，可以发现文件是否感染病毒，这种方法叫校验和法，它既可发现已知病毒又可发现未知病毒。

（3）行为监测法

利用病毒的特有行为特征性来监测病毒的方法，称为行为监测法。通过对病毒多年的观察、研究，有一些行为是病毒的共同行为，而且比较特殊。当程序运行时，监视其行为，如果发现了病毒行为，立即报警。

（4）软件模拟法，以后演绎为虚拟机查毒，启发式查毒技术，是相对成熟的技术。

12．知识产权是指公民、法人或者其他组织在科学技术方面或文化艺术方面，对创造性的劳动所完成的智力成果依法享有的专有权利。这个定义包括 3 点含义。

（1）知识产权的客体是人的智力成果，属于一种无形财产或无体财产。

（2）权利主体对智力成果为独占的、排他的利用。

（3）权利人从知识产权取得的利益既有经济性质的，也有非经济性的。这两方面结合在一起，不可分。因此，知识产权既与人格权亲属权（其利益主要是非经济的）不同，也与财产权（其利益主要是经济的）不同。

知识产权的特点主要有 5 个：一是一种无形资产；二是具备时间性的特点；三是具备地域性

的特点；四是知识产权的获得必须经过法定的程序，即必须由法律来确认，对于知识成果的支配权的种类由法律来规定，以及知识产权所有人在行使支配权时必须依靠法律的保护；五是知识产权是一种专有性的民事权利，即对于知识产权的权利人来说，对知识成果依法享有独占、排他的权利，未经其同意，任何人不能享有或使用该项权利，对于同一项知识成果，不允许有两个以上的知识产权并存。

13. 软件著作权人享有如下权利：

（1）发表权，即决定软件是否公之于众的权利；

（2）署名权，即表明开发者身份，在软件上署名的权利；

（3）修改权，即对软件进行增补、删节，或者改变指令、语句顺序的权利；

（4）复制权，即将软件制作一份或者多份的权利；

（5）发行权，即以出售或者赠予方式向公众提供软件的原件或者复制件的权利；

（6）出租权，即有偿许可他人临时使用软件的权利，但是软件不是出租的主要标的的除外；

（7）信息网络传播权，即以有线或者无线方式向公众提供软件，使公众可以在其个人选定的时间和地点获得软件的权利；

（8）翻译权，即将原软件从一种自然语言文字转换成另一种自然语言文字的权利；

（9）应当由软件著作权人享有的其他权利；

（10）软件著作权人可以许可他人行使其软件著作权，并有权获得报酬；

（11）软件著作权人可以全部或者部分转让其软件著作权，并有权获得报酬。

14.（1）不应使用计算机危害他人。

（2）不应干涉他人的计算机工作。

（3）不应窥探他人的计算机文件。

（4）不应使用计算机进行盗窃活动。

（5）不应使用计算机做伪证。

（6）不应复制或使用没有付费的版权所有软件。

（7）不应在未经授权或在没有适当补偿的情况下使用他人的计算机资源。

（8）不应挪用他人的智力成果。

（9）应该注意编写的程序或设计的系统所造成的社会后果。

（10）使用计算机时应该总是考虑到他人并尊重他们。

第10章
程序设计基础习题参考答案

一、选择题

1. C　　2. C　　3. B　　4. C　　5. C　　6. C　　7. D　　8. C　　9. B　　10. C

二、简答题

1. 程序就是完成或解决某一问题的方法和步骤，是为了解决某一特定问题而用某种计算机程序设计语言编写出的代码序列。为了使计算机达到预期目的，就要先得到解决问题的步骤，并根据对该步骤的数学描述编写计算机能够接受和执行的指令序列——程序，然后运行程序得到所要的结果，这就是程序设计。

程序设计的步骤：（1）分析问题，确定解决方案；（2）建立数学模型；（3）确定算法（算法设计）；（4）编写源程序；（5）程序调试。

2. 结构化程序设计方法的主要原则可以概括为"自顶向下、逐步细化，模块化和尽量少用 GOTO 语句"。

3. 对象是指具有某些特性的具体事物的抽象。在一个面向对象的系统中，对象是运行期的基本实体。在面向对象程序设计中，问题的分析一般以对象及对象间的自然联系为依据。对象具有以下一些基本特征：模块性、继承性和类比性、动态连接性、易维护性。

类是指具有相似性质的一组对象。类是用户定义的数据类型。一个具体的对象称为类的"实例"。

4. 算法是程序设计的精髓，可以把它定义成在有限步骤内求解某一问题所使用的一组定义明确的规则。在计算机科学中，算法要用计算机算法语言描述，算法代表用计算机解决一类问题的精确、有效的方法。通俗点说，就是计算机解题的过程。

5. 结构化程序设计提出了顺序结构、选择（分支）结构和循环结构 3 种基本程序结构。一个程序无论大小都可以由 3 种基本结构搭建而成。

6. 由二进制代码形式组成的规定计算机动作的符号叫做计算机指令，这样一些指令的集合就是机器语言。机器语言是计算机硬件唯一可以直接识别和执行的语言，因而机器语言执行速度最快。但机器语言依赖于具体的机型，不能通用，也不能在不同机型间移植。

在汇编语言中，用"助记符"代替操作码，用"地址符号"或"标号"代替地址码，也就是用"符号"代替了机器语言的二进制码，所以汇编语言也被称为符号语言。用汇编语言编制的程序输入计算机后，计算机不能象用机器语言编写的程序一样直接被识别和执行，必须通过预先放入计算机中的"汇编程序"的加工和翻译，才能变成能够被计算机识别和处理的二进制代码程序。这种起翻译作用的程序叫汇编程序。汇编语言仍然依赖于具体的机型，不能通用，也不能在不同机型之间移植。但是汇编语言的优点还是很明显的，例如，它比机器语言易于读写、易于调试和修改，执行速度快，占内存空间少，能准确发挥计算机硬件的功能和特长，程序精炼且质量高等。

　　高级语言是接近数学语言或自然语言，同时又不依赖于计算机硬件，编出的程序能在所有机器上通用的语言。高级语言最主要特点是不依赖于机器的指令系统，与具体计算机无关，是一种能方便描述算法过程的计算机程序设计语言。用高级语言设计的程序比低级语言设计的程序简短、易修改、编写程序的效率高。

　　7. Visual Basic 是一种可视化的、面向对象和采用事件驱动方式的结构化高级程序设计语言，可用于开发 Windows 环境下的各类应用程序。它简单易学、效率高，且功能强大。

三、上机题

1. 程序代码参考如下。

```
Dim n As Long
Dim i As Integer
i = 1
n = 7
Do
    If n Mod 2 = 1 And n Mod 3 = 2 And n Mod 5 = 4 And n Mod 6 = 5 And n Mod 7 = 0 Then
        MsgBox("台阶至少有" + Str(n) + "阶")
        Exit Do
    Else
        i = i + 1
        n = 7 * i
    End If
Loop
```

2. 程序代码参考如下。

```
Dim n, h As Long
n = 0
h = 4
Do While h <= 8844430
    n = n + 1
    h = h * 2
Loop
MsgBox("这张纸需要对折" + Str(n) + "次以后可以超过珠穆朗玛峰的高度")
```

或者：

```
Dim n, h As Long
n = 0
h = 4
Do
    n = n + 1
    h = h * 2
Loop Until h > 8844430
MsgBox("这张纸需要对折" + Str(n) + "次以后可以超过珠穆朗玛峰的高度")
```

3. 设置的对象属性如下表所示。

对　　象	属　　性	属　性　值
Label1	caption	演示程序
Frame1	caption	字体
Option1	caption	宋体
Option2	caption	黑体
Option3	caption	隶书

续表

对　象	属　性	属　性　值
Option4	caption	华文行楷
Frame2	caption	字号
Option5	caption	10
Option6	caption	20
Option7	caption	30
Option8	caption	40
Command1	caption	关闭

程序代码参考如下。

```
Private Sub Option1_Click()
    Label1.FontName="宋体"
End Sub
Private Sub Option2_Click()
    Label1.FontName="黑体"
End Sub
Private Sub Option3_Click()
    Label1.FontName="隶书"
End Sub
Private Sub Option4_Click()
    Label1.FontName="华文行楷"
End Sub
Private Sub Option5_Click()
    Label1.FontSize=10
End Sub
Private Sub Option6_Click()
    Label1.FontSize=20
End Sub
Private Sub Option7_Click()
    Label1.FontSize=30
End Sub
Private Sub Option8_Click()
    Label1.FontSize=40
End Sub
Private Sub Command1_Click()
    End
End Sub
```

第11章
网页制作习题参考答案

1. （1）建立站点文件夹。（2）创建本地站点。（3）新建文档。（4）修改网页标题并保存文档。（5）插入相应的网页元素，设置对应属性，制作网页。（6）创建超级链接。（7）保存文档，制作完成。

2. Dreamweaver 8 的工作区主要由标题栏、菜单栏、插入栏、工具栏、编辑区、状态栏、属性面板和各种面板构成。浮动面板中最常用的是对象面板和属性面板。如果希望将某个浮动面板同其他的浮动面板组合成多个选项卡的形式，则可以拖动该浮动面板的选项卡（可停靠浮动面板至少都带有一个选项卡，也即它本身），移动到目标浮动面板的窗口范围内，当目标窗口显示粗框时释放鼠标，单独的浮动面板就被组合成选项卡形式。要将某个以选项卡形式出现的浮动面板从组合中拆分出来，只要拖动其选项卡，将之移动到可停靠浮动面板之外就可以了。

3. 快速选择表格的行和列，可以定位鼠标指针，使其指向行的左边缘或列的上边缘。当鼠标指针变成选择箭头时，单击以选择行或列，或进行拖动以选择多个行或列。

拆分合并单元格的方式：

（1）按<Ctrl>键选定要合并的单元格，所选单元格必须是连续的，并且形状必须为矩形。

（2）选择"修改"|"表格"|"合并单元格"菜单命令，或单击属性面板中的"合并单元格"按钮。

（3）同理选择"修改"|"表格"|"拆分单元格"菜单命令，或单击属性面板上的"拆分单元格"按钮拆分单元格。

4. 表单是一种结构化文件，用于收集用户信息，并将其提交到服务器，从而实现与用户的交互，如会员注册、留言簿、订单等。

5. 在 Dreamweaver 8 中，表单输入类型称为表单对象。可以通过选择"插入"|"表单对象"来插入表单对象，或通过"插入"面板来访问表单对象，向表单中插入各种表单元素。插入表单元素后，可以在"属性"面板中设置各个表单元素的属性。

6. 创建预定义的框架集有两种方法：

（1）通过插入条，可以创建框架集并在某一新框架中显示当前文档；

（2）"新建文档"对话框创建新的空框架集。

当使用插入条应用框架集时，Dreamweaver 将自动设置该框架集，以便在某一框架中显示当前文档（插入点所在的文档）。预定义的图标的蓝色区域表示当前文档，而白色区域表示将显示其他文档的框架。

7. _blank：在新窗口中打开被链接文档。

_self： 默认选项。在自身的框架或窗口内打开被链接文档，通常没有指定时就会被采用。

_parent：在本框架的上一层框架即父框架集中打开被链接文档。

_top：在整个浏览器窗口中打开被链接文档并因此取消所有框架。

Framename：框架名，新页面将在指定的框架中打开被链接文档。

单击"属性"面板"目标"下拉框，在此下拉框中选择要打开框架的名称，链接的网页就会在这个网页中打开。

在"目标"下拉框中，除了有_blank、_self、_parent、_top 这 4 个选项外，还有新增的若干个框架名选项，选择哪个框架，链接的网页就会在相应的框架中打开。

8．略。

第 12 章
常用工具软件习题参考答案

一、选择题

1. C   2. D   3. A

二、简答题

1. 工具软件功能强大，针对性强，实用性好且使用方便，能帮助人们更方便、更快捷地操作计算机，使计算机发挥出更大的效能。

2. HyperSnap-DX 是 Windows 下专业的图像捕捉软件，它可以轻松、快速地捕捉桌面上的所有图像（甚至包括难以捕捉的 DirectX、Direct3D 游戏屏幕、网页图像），支持 BMP、GIF、TIFF 等 20 多种图片文件格式，并可以用热键或者自动计时器从屏幕上抓图。功能还包括：在所抓的图像中显示鼠标轨迹，收集工具，有调色板功能并能设置分辨率，还能选择从 TWAIN 装置中（扫描仪和数码相机）抓图。

3. 迅雷提供了批量下载功能，可以方便地创建多个包含共同特征的下载任务。启动迅雷 7，单击主界面右上角的小三角，在出现的选项菜单中选择"新建下载"，会弹出"新建任务"窗口，这时可以在"输入下载 URL"文本框中输入想要下载的 URL 地址下载单个任务，也可单击"按规则添加批量任务"，进行批量下载。迅雷批量下载可使用通配符填空机制。

单击了"按规则添加批量任务"后弹出"批量任务"对话框，填写完成后，在示意窗口会显示第一个和最后一个任务的具体链接地址，用户可以检查是否正确，然后单击确定后选择需要下载的文件即可。

三、略。